# 在家也能
# 做烘焙

## 高级杯装蛋糕、曲奇饼干和马卡龙

〔西班牙〕帕特里西娅·阿里巴尔萨卡（Patricia Arribálzaga）著
苗译元 李雅 译

U0332680

机械工业出版社
CHINA MACHINE PRESS

这本书将帮助您制作装饰精美并且具有令人难忘的味道的杯装蛋糕、曲奇饼干和马卡龙。为此，我将分享我十多年从事糕点制作及其教学的经验，以让您可以通过学习我制作糕点的诀窍和技巧，来提高您自己的糕点制作技能。通过研究我的学生的学习困难，我在这本书中创新了教学方法，以使您可以在较短的时间内学会制作精美的甜点。

**图书在版编目（CIP）数据**

在家也能做烘焙：高级杯装蛋糕、曲奇饼干和马卡龙/
（西）阿里巴尔萨卡著；苗译元，李雅译.--北京：
机械工业出版社，2016.6
ISBN 978-7-111-53723-6

Ⅰ.①在… Ⅱ.①阿…②苗…③李… Ⅲ.①烘焙-
糕点加工 Ⅳ.①TS213.2

中国版本图书馆CIP数据核字（2016）第096506号

机械工业出版社（北京市百万庄大街 22 号 邮政编码 100037）
策划编辑：坚喜斌　　　　责任编辑：陈　洁　杨　冰　刘林澍
版式设计：潜龙大有　　　　责任印制：乔　宇
责任校对：赵　蕊
保定市中画美凯印刷有限公司印刷

2016 年 7 月第 1 版第 1 次印刷
170mm×240mm · 14印张 · 262千字
标准书号：ISBN 978-7-111-53723-6
定价：49.00元

# 目录

# 前言

创作本书对于我来说是一种奇妙的经历，在书中，我可以传达我所有的技巧，以让读者有能力制作甜点。并且，我可以分享我的理念，这就是食品的味道是制作美食的基本和不可或缺的因素。

传统的观点认为，制作精美的糕点有着强烈的视觉效果，但是味道上会差很多。然而，我一直很难接受这种观点。在制作高级时尚糕点的过程中，我通过使用高质量的天然配料和非比寻常的精美装饰，保留了它的纯正口味。细腻的味道和独特的制作方法都是我们成功的关键。

这本书将帮助您制作装饰精美且味道令人难忘的杯装蛋糕、曲奇饼干和马卡龙。为此，我将分享我十多年从事糕点制作及教学的经验，以让您可以通过学习我制作糕点的诀窍和技巧，发展您自己的糕点制作技能。通过研究我之前的学生的学习困难，我在这本书中创造了新的教学方法，以使您可以在较短的时间内学会制作精美的甜点。

甜点的装饰通常由糖、杏仁和巧克力组成，这些配料可以与书中的配方完美结合。对于马卡龙，细微的装饰可以保证其味道的完整；而对于奶油杯装蛋糕，将使用简单的糖类装饰；对于曲奇饼干，将使用制作精美且少量的糖衣装饰，以防改变其原有的口味。我不会使用翻糖装饰饼干，因为在我看来，这会使饼干失去原有的味道，并让其变得过于松软和甜腻。

我的目标是尽可能地和您分享有用的信息，让您从制作最基本的饼干、精美的杯装蛋糕和松软细腻的马卡龙开始，慢慢地掌握一些甜点装饰的诀窍。通过这种方式，您就有机会发挥自己的创造力。

我希望您可以享受并投入甜点的制作当中，并且有动力自己创造并设计一些甜点。您需要很多的练习和耐心，但是您一旦开始享受这一过程，您就会发现这远比您认为的容易得多。

# 如何使用该书

在开始此项课程之前，我建议您先阅读本书的**"配方与技巧"**部分（见 190 页），该部分详细解释了配方、基本的制作过程和装饰甜点的技巧。本书在每个部分都会一步一步地教授如何制作相应的甜点，并且需要参阅"配方和技巧"部分的相关信息。翻糖、面糊、面团、杏仁和巧克力等材料，您可以在专门的商店里买到，或者也可以根据 202 页到 205 页的配方自己制作。

**"基本工具"部分**（第 7 页）里提供了一些工具和配料的图片参考，**术语表**（第 222 页）提供了关于这些工具和配料的说明，以及它们在其他国家的名称。

# 基本工具

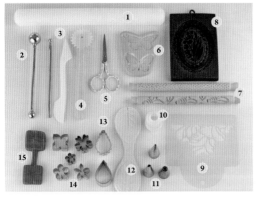
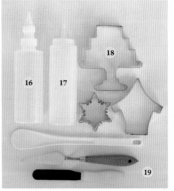

1 – 擀面杖

2 – 金属制小型擀
　　面杖

3 – 塑料小刀

4 – 标记轮

5 – 剪刀

6 – 有花纹的底板

7 – 有花纹的擀面杖

8 – 图案模板

9 – 镂空图案模板

10 – 裱花嘴塑料接头

11 – 裱花嘴

12 – 玫瑰叶模具

13 – 玫瑰花叶剪裁器

14 – 花型剪裁器

15 – 花型模具

16 – 细口挤压瓶

17 – 挤压瓶

18 – 饼干剪裁器

19 – 刮刀

20 – 蛋糕裱花嘴

21 – 蛋糕裱花嘴塑料
　　接头

22 – 杯装蛋糕烤盘

23 – 裱花袋

24 – 杯装蛋糕纸杯

25 – 糖豆

26 – 蔗糖小丸

27 – 五颜六色的糖

28 – 糖果粒

29 – 各种大小的刷子

30 – 食用颜料着色笔

31 – 胶状食用色素

32 – 糊状食用色素

33 – 粉末状食用色素

34 – 颗粒状食用色素

35 – 可食用颜料

**其他材料**

・电动或手动搅拌器

・6毫米直径的擀面杖

・碗

・软刮刀和硬刮刀

・塑料薄膜

・塑料袋

・可密封塑料袋

・可密封塑料容器

・铝箔纸

・烘焙用纸

・小木棍

・花纹台布

# 时尚杯装蛋糕

# 杯装蛋糕

　　杯装蛋糕在近些年难以置信地流行起来，没人可以抵挡住口味丰富和颜色可人的杯装蛋糕的诱惑。

　　我在此使用的配方都是非常容易制作的，同时又是精美和新颖的，制作这些美味的杯装蛋糕并不需要有丰富的甜点制作经验。口味多样、设计新颖的杯装蛋糕在任何场合都能令人眼花缭乱。

# 高级时尚
# 杯装蛋糕

　　这款设计受到了高级时装图案装饰的启发：山茶花和提花面料是时尚界的女王——香奈儿品牌的独特标志。这款杯装蛋糕是生日宴会、鸡尾酒会和美味晚餐等场合中的理想甜点。

# 配方
# 白兰地坚果杯装蛋糕

这是我最喜欢的杯装蛋糕之一，它有着松软滑润的构造，并且有淡淡的白兰地的清香。这是我的母亲创造的配方，我从她那里继承了制作甜点的技巧和兴趣，以及许多奇妙的配方。

**配料**（12 个杯装蛋糕）

黄油 150 克

糖 110 克

鸡蛋 3 个

白兰地酒 2 匙

面粉 55 克

玉米粉 55 克

酵母粉 1 小匙

坚果 12 块

**准备工作**

搅拌黄油和糖直到其成为奶油状，加入鸡蛋蛋黄，继续搅拌并加入白兰地。混合面粉、玉米粉和酵母粉，加入之前的混合物中。搅拌蛋清至奶油状，并加入混合物中，轻轻混合。把面糊倒入纸质模具中，覆盖其底部，在纸质模具中间放入坚果，然后继续放入面糊直至模具四分之三的位置。最后，用 180 度的温度烘烤 20 分钟。

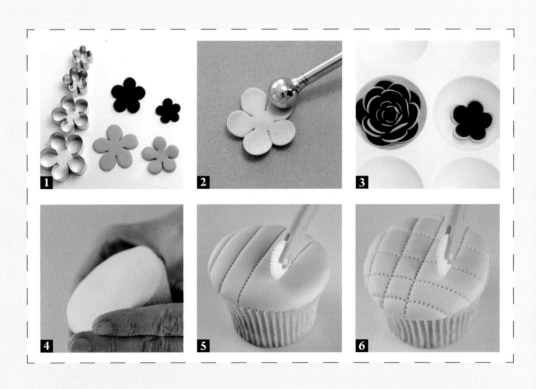

# 步骤

## 配料

粉色面粉（大约 100 克）

黑色面粉（大约 100 克）

乳白色翻糖（大约 500 克）

食用胶

## 工具

大型、中型、小型和迷你型 5 花瓣花朵型模具

擀面杖、小型擀面杖、塑料蛋盘

标记轮

**1**. 为了完成双色山茶花，首先需要用擀面杖擀平面饼，一个用粉色面粉，另一个用黑色面粉。用大型花瓣模具剪裁出一个粉色的花瓣，然后用同样的方法剪裁出一个黑色的花瓣。

**2**. 用小型擀面杖完善粉色花瓣的表面和边缘部分，使其稍稍增大，然后在变干前把黑色花瓣放在粉色花瓣上，用小型擀面杖轻轻地按压，直到它们很好地黏合在一起。

**3**. 按照从大到小的顺序依次将花瓣垒起来，组成一个花朵的形状。用食用胶把这些花朵黏合在一起，使花瓣向内弯曲，直到完成最后那一瓣花朵。

把制作好的花朵放在蛋盘上 24 小时，以使它们更好地黏合。

**4**. 弄平乳白色翻糖，使之覆盖住杯装蛋糕，用圆形模具剪裁出圆边。（见 202 页）

**5**. 用标记齿轮在翻糖上划出平行的线条。

**6**. 然后再横着划出平行线条，使之有提花纺织品的效果。最后用食用胶把制作好的花朵固定在杯装蛋糕的正中间。

# 时尚翻糖杯装蛋糕

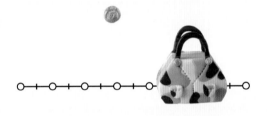

杯装蛋糕都是时尚的，但是有时候会时尚得有些过分了。这款设计既有液态翻糖的光泽，又简洁大方，塑造了吸引人眼球的豹纹图案手提包和糖制凉鞋。这款甜点对于任何年龄段的聚会都是非常有吸引力的。

15

## 配方

# 朗姆酒椰子菠萝味杯装蛋糕

椰子和菠萝是两种非常美味的水果，它们的味道可以融洽地结合在一起，朗姆酒的味道也突出了这款甜点的热带风味。

**配料**（12 个杯装蛋糕）

黄油 150 克

糖 110 克

鸡蛋 3 个

纯正椰子油 8 滴（或者 1 小匙椰子香精）

面粉 50 克

玉米粉 55 克

酵母粉 1 小匙

菠萝 12 小块

朗姆酒糖汁（见 194 页）

**准备工作**

将黄油和糖的混合物搅拌至成为奶油状，加入蛋黄后继续搅拌，随后加入纯正椰子油或椰子香精。

混合面粉、玉米粉和酵母粉，并倒入刚刚准备好的混合物中，搅拌成面糊。

搅拌蛋清至奶油状，并把它加到刚刚制作好的面糊当中，然后轻轻地混合。

往纸杯中倒入面糊，覆盖住底部，放入菠萝块，然后继续倒入面糊至蛋糕杯四分之三的位置。

用 180 度的温度烘焙 20 分钟。从烤箱中取出后，立刻涂上朗姆酒糖汁。朗姆酒会带给这款蛋糕另一种口味，并且让它在长时间内保持湿润和新鲜。

# 步骤

## 配料

液体翻糖（第 199 页）

棕色食用色素

黑色干佩斯（200 克）

棕色干佩斯（100 克）

浅棕色干佩斯（200 克）

金色粉状食用色素

少量高度酒

白色伏特加酒或杜松子酒

黄色奶油

食用染料

食用胶

## 工具

凉鞋和挎包模具

擀面杖

标线齿轮

蛋糕裱花袋

裱花嘴塑料接头

1. 号圆形裱花嘴

叉子、剪刀、刷子

1. 先制作凉鞋的鞋底，首先取一小块黑色干佩斯，做一个直径 2 厘米的小球，轻轻搓揉至有韧性并且没有裂痕。然后做一个圆柱体，用手指轻捏面团，使其变得精细。用剪刀从高到低斜着裁剪，让它成为图  中的形状。凉鞋的鞋跟应该黏合至少 24 小时。当鞋跟变干时，就可以制作凉鞋的其他部分了。

在一块被黄油润滑过表面的黑色干佩斯上，擀出 0.5 厘米厚的一块，并把它剪成凉鞋的鞋面和鞋底。

17

**2.** 为了组装凉鞋，首先要把鞋底粘贴到鞋面上，在鞋面表面上涂一些食用胶，然后把鞋跟部分粘贴到鞋面后部，用手轻轻弯曲鞋面使之成为图 **2** 中所示的形状。

**3.** 为了制作豹纹花纹，首先要在一个涂有黄油的面板上，用擀面杖把棕色干佩斯擀成 0.5 厘米厚的面饼。提起面饼后，放在一层塑料薄膜上以防面饼粘在桌面上。然后把亮棕色的干佩斯揉成一些不规则的小球，把它们平放在刚刚做好的面饼上。随后再用黑色面团制作一些小球并放在亮棕色的小球上，如图 **3** 所示。

**4.** 立刻用擀面杖来回轻擀面团，让面团可以完全地黏合在一起，这样就制作出了豹纹花纹，如图 **4** 所示。

**5.** 用模具剪裁出凉鞋的鞋面部分和鞋跟处的豹纹图案，并用食用胶把它们粘贴在鞋底上。然后，制作一个 2 毫米厚、5 厘米长、0.5 厘米宽的黑色面饼，用食用胶在鞋跟处进行粘贴，一直粘贴到有豹纹图案的鞋面部分。

为了完成凉鞋蛋糕的制作，要用食用糖果漆在黑色的鞋底和鞋面部位均匀涂抹，等待几分钟使得第一次涂抹的食用糖果漆变干，然后再次涂抹以获得比较厚实的亮光效果。

**6.** 接下来制作手提包。首先把亮棕色面团擀成一个 1.5 厘米厚的面饼，用模具剪裁出手提包的中心部分。用标线齿轮在该面饼的中间部位划出痕迹，以代表提包的拉链部位。然后用同样的模具剪裁出两块形状相同的豹纹花纹面饼，并用食用胶把它们轻轻地黏合在一起。

**7.** 在面饼变干之前立刻用标线齿轮在提包的表面划出 Y 型痕迹，如图 **7** 所示。然后用剪刀剪裁出两个小口袋，把它们粘贴在提包的侧面，并利用标线齿轮在小口袋的上部划出痕迹。

为了制作提包的肩带，首先用黑色面团擀出 2 块 0.5 厘米厚、5 厘米长、0.5 厘米宽的面片，使其轻轻弯曲并将其粘贴在提包的两侧，如图 **7** 所示；然后用亮棕色面团制作 4 个小球，然后压扁并用食用胶黏贴在肩带与提包的连接处，做出扣子的感觉。最后用溶解在伏特加或者杜松子酒里的金色食用色素涂抹扣子部位。

**8.** 把杯装蛋糕浸泡进棕色液体翻糖中（见 200 页）。等待其变干后，用黄色奶油、蛋糕奶油嘴和 1 号裱花嘴制作杯装蛋糕的花边装饰：首先做一个小圆圈，再顺着小圆圈勾勒出一条细线，然后一直重复此过程直到做好杯装蛋糕完整的花边装饰。30 分钟后奶油变干，用一个细刷子蘸上朗姆酒里的金色食用色素，轻轻地涂抹花边装饰的边缘。

小贴士

所有使用金色食用色素的部位都要使用黄色奶油制作，因为即使金色色素不够覆盖全部表面的话，它也会呈现出金色的效果。

# 紫罗兰和黑茶藨子

紫罗兰和黑茶藨子的结合是巴黎时尚糕点的精髓之处。融合了巧克力的丝滑和黑茶藨子的酸味，紫罗兰的精美味道使得这款杯装蛋糕成为甜品界的艺术珍品。

## 配方

# 紫罗兰和黑茶蔗子口味杯装蛋糕

紫罗兰和黑茶蔗子是法国糕点界的经典，同时也是我的最爱。

黑茶蔗子在这里被用作辅料，因为它太酸了，不能生吃，但是它的酸涩和无与伦比的味道与加了紫罗兰的巧克力奶油结合后，将会带来独特的新鲜口味与花的芬芳。

**配料**（可以制作 5 个双层蛋糕）

常温软黄油 200 克

糖 200 克

黑醋栗果酱 1 匙

柠檬汁 1 匙

精细面粉 300 克

鸡蛋 4 个

可以塞满杯装蛋糕的黑醋栗果酱

柠檬糖汁

**准备工作**

搅拌黄油和糖的混合物直到成为奶油状，加入鸡蛋后继续搅拌，然后加入一匙黑醋栗果酱和一匙柠檬汁，继续搅拌。接着分三次加入精细面粉，搅拌它们直到完全混合。

放入混合物覆盖住纸杯的底部，放入一匙黑醋栗果酱，然后继续放入混合物至纸杯的四分之三处。用 180 度的温度烘焙 20 分钟。烘焙后马上涂上柠檬糖水。

# 紫罗兰牛奶巧克力酱

**配料**

牛奶巧克力 300 克

纯牛奶 90 克

紫罗兰食用精油 10 滴或者紫罗兰花茶 1 小匙或者 紫罗兰天然粉 5 克

**准备工作**

在烤箱中用最低温度融化巧克力 3 到 4 分钟

加热奶油直到其沸腾；凉一会儿后，放入到巧克力当中。用打蛋器混合巧克力和牛奶，一直搅拌直到混合物变得顺滑有光泽。加入紫罗兰食用精油或者紫罗兰天然粉，继续搅拌直至奶油状。

在常温下放置 24 小时，用电动搅拌器搅拌巧克力酱（见 194 页），直到其变成顺滑的奶油状。把巧克力酱放进裱花袋当中。

# 步骤

## 配料

紫罗兰色面粉（150 克）

黄油

暗紫罗兰色食用色素

紫罗兰糖豆

## 工具

两种型号的蛋糕纸杯：正常型号和迷你型号

擀面杖

勿忘我花型模具

刷子、海绵

塑料蛋盘、塑料袋

蛋糕奶油嘴

波浪裱花嘴

**1.** 在一个涂了黄油的面板上将面团擀成一个非常薄的面饼，大概有 1 毫米的厚度，然后用勿忘我花型模具剪裁出 5 个大型、3 个中型和 4 个小型花朵。

**2.** 把花朵放在海绵上，然后用刷子在每个花朵的中央扎出一个小洞。

**3.** 等花朵变干后，把它们放到蛋盘的中间，使其呈现出卷曲的形状。用一个蘸过色素的细刷子涂抹花朵的中间部位。

**4.** 用蛋糕奶油嘴和波浪裱花嘴挤巧克力酱来制作杯装蛋糕的顶部（见 199 页）。把迷你型杯装蛋糕放到正常型号的蛋糕上，轻轻按压，让它们更好地结合在一起，然后把花朵按照图片上所示的样子粘贴在巧克力酱上。随后立刻在杯装蛋糕撒上一些紫罗兰糖豆。

### 小贴士

糖豆的颜色、种类比较有限，也很难找到适合蛋糕风格的糖豆。我通常这样制作特定颜色的糖豆：把白色糖豆放到塑料袋里，加入少量的食用色素，然后用力摇动塑料袋让色素和糖豆较好地混合在一起，然后把糖豆放到塑料容器里保存。

# 柠檬糖水

在锅里放入 50 克柠檬汁、50 克水和 100 克糖，加热直至煮沸。此时要停止搅动糖水，以避免糖呈现结晶状。随后把锅从火上拿开。让糖水慢慢冷却，并放到密封的塑料容器里保存。

# 西莉亚杯装蛋糕

拥有单色的设计和时尚的标识，这款杯装蛋糕受到了时尚T台的启发，势必也会给崇尚极简主义风格的人留下深刻印象。那么这款蛋糕的味道如何呢？答案是，就如同《时尚》杂志的风格那样。

西莉亚
杯装蛋糕

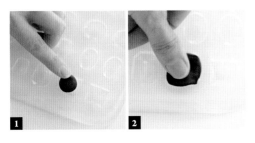

**1.** 制作镶钻蝴蝶结，首先要轻揉黑色干佩斯，使之成为小球状，然后把它放到正方形的珠宝模具中。

**2.** 用手指轻轻按压面团，使之成形。

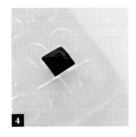

**3.** 用剪刀把面团的多余边缘减掉。

**4.** 等待 20 分钟，使其变干

**5.** 把黑色干佩斯擀成一个 0.5 厘米厚的小面饼，并用方形模具剪裁出一块，然后用更小的方形模具把刚刚做好的方形面饼的边缘切下，如图 **5** 所示。

**6.** 把方形条状面饼剪开，如图 **6** 所示，然后用食用胶把条状面块粘贴在珠宝周围。

# 步骤

**配料**

白色翻糖（约 500 克）

黑色翻糖（约 100 克）

黑色干佩斯（约 300 克）

食用胶

食用糖果漆（食用糖果漆）

**工具**

菱形模具

中型和小型的正方形模具

钻石形模具

塑料刀

擀面杖

刷子

剪刀

**7.** 用食用糖果漆涂抹钻石，等待5分钟后重新涂第二遍。如果希望钻石有更亮的光泽，可以多次重复此过程，每次都等待变干后再次涂抹即可。

**8.** 在一个被黄油均匀涂抹的面板上面，用擀面杖擀出一块厚2毫米的黑色干佩斯，然后用菱形模板剪裁出两块面团。

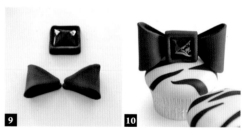

**9.** 如图 **9** 所示，把两个干佩斯向中间折叠，然后用食用胶把制作好的钻石粘贴上。等待1个小时，就可以把蝴蝶结放在杯装蛋糕上了。

**10.** 当蝴蝶结变干后，用干佩斯制作一个黑色的珍珠状小球，将其粘贴在蛋糕的中间位置，然后用食用胶把蝴蝶结粘贴到珍珠的位置。同样，在蝴蝶结的底部位置刷上一些食用胶。

### 小贴士

可以使用食用胶将两块不黏的面团黏贴在一起；这种方法同样适用于一块黏面和一块不黏的面；但是，如果是要粘贴两块已经变干的面团的话，就只能用食用奶油了。我们要尽量少使用食用胶，因为过量使用的话可能会适得其反——面团不但不会粘贴住，反而会因变得很滑而使得前功尽弃。

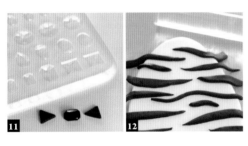

**11.** 为了让杯装蛋糕更漂亮，通常会选择再做另外一个珠宝，但是这次做的是小长方形的，做好后涂抹食用糖果漆，以使它更有光泽。随后，用菱形模具切出一个面团。用剪子沿着菱形的对角线剪出两个三角形，将其粘贴在珠宝的两侧，最后放在杯装蛋糕的顶部。

**12.** 制作斑马纹时，首先在涂有黄油的面板上用擀面杖擀出一片1厘米厚的白色翻糖，把这块翻糖小心翼翼地拿离桌面，重新涂抹黄油，以防止其粘在面板上。用塑料薄膜覆盖住翻糖以防变干。再擀出一块3毫米厚的黑色翻糖，用塑料小刀切成小条，然后把这些黑色小条放到白色翻糖上制作出斑马纹。然后，先用擀面杖来回按压，使它们可以较好地贴合在一起，这样就制作出了斑马纹。最后，用直径大于杯装蛋糕直径的圆形模具切出一块斑马皮花纹面饼，将其覆盖住蛋糕顶部。轻轻地按压蛋糕顶部，使二者可以较好地贴合起来，然后涂抹提前准备好的杏汁糖水。（见202页）

# 配方
# 大都会蛋糕

　　我是一名鸡尾酒专家，我喜欢用自己喜爱的鸡尾酒材料和创意制作一些独特的配方。这种味道是时尚杯装蛋糕中最受欢迎的，就像20世纪80年代美国的鸡尾酒一样美味。

**配料**（大约可以制作 12 个蛋糕）

软黄油 200 克

糖 200 克

柠檬碎屑

大都会鸡尾酒 2 匙

（见下页）

精细面粉 310 克

鸡蛋 4 个

鲜越橘

大都会鸡尾酒糖汁

**准备工作**

　　搅拌黄油和糖的混合物直到成为奶油状，加入鸡蛋后继续搅拌，然后加入柠檬碎屑和大都会鸡尾酒，继续搅拌。接着分三次加入精细面粉，搅拌它们直到完全混合。

　　用混合物覆盖住纸杯的底部，放入鲜越橘，然后继续放入混合物至纸杯的四分之三处。用 180 度的温度烘焙 20 分钟。烘焙后马上涂上大都会鸡尾酒糖水。

# 大都会鸡尾酒

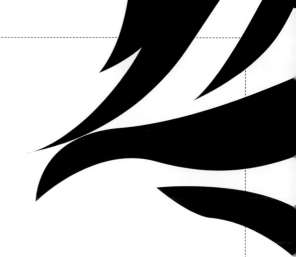

## 配料

伏特加 3 份

橘酒 2 份

越橘汁 2 份

柠檬汁 1 份

## 准备工作

先往一个大杯子中加入 3 份伏特加酒，然后加入 2 份橘酒，接着加入 2 份越橘汁和 1 份柠檬汁，用勺子轻轻搅拌。多出来的鸡尾酒可以用来制作湿润蛋糕的糖水。

# 大都会鸡尾酒糖水

在锅中加入大都会鸡尾酒，大概是 3 匙的分量，然后加入 3 匙糖，加热至沸腾，然后停止搅拌以避免糖结晶。当开始沸腾时就立刻把锅从火上拿开。糖水冷却后，加入 3 匙鸡尾酒，随后把糖水放在密封的塑料容器中备用。

# 覆盆子甜点

　　包含着覆盆子奶油的美味，美丽的糖蝴蝶创造出了一副令人愉悦的画面。这款蛋糕不仅是小女孩生日宴会的必备，也是其他女生聚会时的佳品。

## 配方

# 覆盆子柠檬蛋糕

**配料**（大约可以制作 12 个）

软黄油 200 克

糖 200 克

无化学添加剂的柠檬碎屑

柠檬汁 1 匙

精细面粉 300 克

鸡蛋 4 个

完整的覆盆子 12 个

柠檬糖水

**准备工作**

　　搅拌黄油和糖的混合物直到成为奶油状，加入鸡蛋后继续搅拌，然后加入柠檬碎屑和柠檬汁，继续搅拌。接着分三次加入精细面粉，搅拌至完全混合。

　　用混合物覆盖住纸杯的底部，放入覆盆子，然后继续放入混合物至纸杯的四分之三处。用 180 度的温度烘焙 20 分钟。烘焙后马上涂上柠檬糖水。

## 柠檬糖水

　　在锅里放入 50 克柠檬汁，50 克水和 100 克糖，加热直至煮沸。此时要停止搅动糖水，以避免糖呈现结晶状。随后把锅从火上拿开，让糖水慢慢冷却，并把它放到密封的塑料容器里保存。

# 步骤

## 配料

白色干佩斯（约 50 克）
粉色干佩斯（约 50 克）

## 工具

蝴蝶形模具
大波浪裱花嘴
10 号圆形裱花嘴
蛋糕奶油嘴
擀面杖
A4 纸

1. 为了制作蝴蝶，首先要在涂抹黄油的面板上用擀面杖擀出厚度为 3 毫米的白色干佩斯。完成后要尽快拿开面饼，并用黄油再次涂抹面板。用塑料袋盖住面饼防止它过快变干。另一部分则用模具在粉色干佩斯上剪裁出几个圆形，然后把粉色圆形放到白色的面饼上。

2. 用擀面杖来回按压已经做好的粉色圆形，这些圆形面饼就会和白色面饼较好地黏合在一起。

3. 用蝴蝶形模具剪裁出几只蝴蝶，并把它们放置在纸板上晾干 24 小时。

4. 在裱花袋上安装波浪形裱花嘴，并且装满覆盆子奶油，在蛋糕顶部挤上奶油。

5. 如图 **5** 所示，按照从外向内的方式涂抹奶油。

6. 停止挤压奶油嘴并抬起裱花嘴。

7. 如图 **7** 所示，用奶油嘴从蛋糕中间部位向上制作出花纹。

**6**

**7**

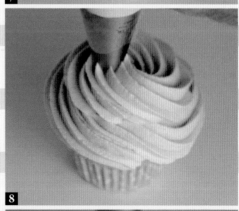

**8**

**9**

# 覆盆子味奶油

**配料**（大约可制作 20 个）

糖 550 克

消毒蛋清 280 克

常温黄油 550 克

塔塔酱甜品 1 小匙或黄原胶 5 克

无籽高浓度覆盆子果酱 80 克

**注意：**

> 覆盆子果酱如果浓度不高，味道就会有些淡。可以加一小勺覆盆子酒或者天然覆盆子果粉来提升覆盆子的味道。
>
> 我的习惯是添加 10 克或 20 克（1或 2 小勺）覆盆子粉，这样可以大大强化奶油中覆盆子的味道。

**准备工作**

在碗里放入糖和鸡蛋，用电动搅拌器搅拌直至它们完全混合。把碗放入热锅中用打蛋器持续搅拌，直至糖的晶体完全溶解（糖晶体一般在 55 摄氏度时会溶解，但是没必要用温度计测量，可以凭借液体的形态或者用搅拌版挑起蛋清观察），当没有看到糖晶体时，说明糖已经溶解了。把熬制好的混合物放在容器中直至其达到常温。

然后，把加糖的蛋清放在搅拌器中用最快的速度搅拌 10 分钟，加入塔塔酱或黄原胶。把打蛋器换成刮刀，一次性加入黄油，并用最慢的速度搅拌。

最后，一点点地加入覆盆子果酱，并继续以最慢的速度搅拌，直到其呈现奶油状。如果需要较浓的味道可以加入 10 克或 20 克覆盆子果粉。随后，马上用奶油嘴装上制作好的奶油开始装饰蛋糕。

**注意：**

> 打蛋器只是用来搅拌奶油的。如果没有装有刮刀的电动搅拌器，可以用刮刀手动搅拌，因为如果用打蛋器的话效果会很差。

# 金色
# 装饰蛋糕

在任何聚会上，杯装蛋糕总是能引人瞩目，金色装饰的三层蛋糕可以成为餐桌的中心。发光的金色装饰使它不仅能在圣诞节宴会上赚足眼球，而且在任何迷人的冬日聚会中都能变得奇妙非凡。

# 配方

# 巧克力蛋糕

　　这款杯装蛋糕杯以水果巧克力奶油包裹，成为高级时尚杯装蛋糕中卖得最好的一款产品，这也是我喜欢的味道之一。水果的酸味和牛奶巧克力的丝滑完美结合，慢慢消融的巧克力饼干则成为点睛之笔。

**配料**（大约可制作 4 个 3 层蛋糕）

软黄油 100 克

糖 100 克

黑巧克力 80 克

鸡蛋 2 克

粉末状杏仁 25 克

精细面粉 100 克

酵母粉 1 小匙

**准备工作**

　　搅拌糖和黄油的混合物直至呈现奶油状。一个一个地加入鸡蛋，继续搅拌。加入杏仁粉并使之充分混合。把巧克力放入迷你锅中用低温融化，一旦融化完成就加入到混合物中。把含有酵母粉的精细面粉分两次加入到混合物中，使之可以充分融合。把混合物倒入蛋糕纸杯中至四分之三的位置。用 180 度的温度烘焙 20 分钟。

## 配方

# 西番莲巧克力奶油

### 配料

牛奶巧克力 300 克

纯牛奶 50 克

西番莲果泥 50 克 *

西番莲果粉 1 匙

可做 2 种奶油，用于 12 个 3 层蛋糕

（＊）可以使用冷冻的西番莲果泥，或者直接用西番莲果。从中间切开西番莲，用勺子取出果肉和籽，把它们放入榨汁机里，按下开关半秒，暂停，然后再次按下开关半秒（这种方法可以让比较黏的果肉更好地与籽分离，而不会使得籽被完全打碎）。不能按下开关太长的时间，因为如果种子被打碎的话，过滤果汁将是非常困难的事情。最后用过滤器过滤果汁。

### 准备工作

把巧克力放到迷你锅中，用低温融化 3~4 分钟。

把奶油加热至沸腾。在加入巧克力之前要晾一会，使它的温度稍稍降低。然后用电动打蛋器搅拌巧克力和纯牛奶，使二者完全混合，一直搅拌至混合物呈现出条纹和光泽。加入西番莲果泥，继续搅拌至奶油状。把做好的奶油装入密闭容器中，常温冷却 24 小时，用电动搅拌器搅拌甘纳许，直到其呈现出丝滑的奶油状。把奶油装入装有波浪形裱花嘴的裱花袋里。

# 步骤

## 配料

黄色干佩斯（50克）

黄油

金色食用色素粉

## 工具

擀面杖

纸用打眼器（打印店有卖）

刷子

3种型号的金色蛋糕纸杯：大型、中型和迷你型

大波浪形裱花嘴

奶油嘴

## 准备工作

**1.** 在涂有黄油的面板上用擀面杖把黄色的干佩斯擀成0.5毫米厚的薄饼，因为如果面饼比较厚的话，将会很难打眼。做好后晾干5分钟，然后把薄饼放在打孔器下，用雪花形状的模具制作出一些雪花状的面片。

**2.** 在碗中放入少量黄油，并放在迷你锅中隔水加热溶解至液体状，用刷子轻轻沾一些黄油，涂抹到雪花状的面片上。

**3.** 在另一个碗中加入金色食用色素粉，将其粘到雪花状的面片上，轻轻摇动并自然晾干。

**4.** 最后，在杯装蛋糕上挤上奶油。完成了三种型号的蛋糕的装饰后，就按照从大到小的顺序依次垂直放置蛋糕，轻轻按压，使它们可以更好地黏合在一起。切记，要把雪花状装饰物粘在巧克力奶油的表面。

**小贴士**

无论是巧克力奶油还是其他口味的奶油，都要用一把大勺子尽可能地消除其中的气泡。这样，从裱花嘴里挤出的奶油就不会因为气泡而呈现出不规则的形状。

# 宝贝
# 巧克力

温馨的甜味滋润出了丝滑柔顺的味道。如果您正在策划一场迎婴派对，那这款设计精美的杯装蛋糕必不可少。

## 配方

# 香草牛奶巧克力蛋糕

配有香草和牛奶巧克力奶油的巧克力蛋糕是最经典的口味之一，它可以激发我们的热情、散发诱人魅力。

## 巧克力杯装蛋糕

巧克力 112 克

黄油 100 克

糖 120 克

鸡蛋 4 个

面粉 75 克

### 准备工作

把巧克力和奶油放在迷你锅里加热融化。混合 4 个鸡蛋的蛋黄和糖，进行搅拌，随后加入融化后的巧克力黄油酱，搅拌它们直至完全混合。

加入少量面粉并充分混合。最后打发 4 个鸡蛋的蛋清至奶油状，加入之前准备好的混合物中。

把制作好的混合物放入蛋糕纸杯中至四分之三的位置，用 180 度的温度烘焙 20 分钟。

## 香草牛奶巧克力奶油

### 配料

牛奶巧克力 300 克

纯牛奶 90 克

香草 粉 1 小匙或香草精 1 小匙

### 准备工作

用迷你锅以最低温度融化巧克力 3~4 分钟。

加热奶油直至沸腾，加入香草粉，等待其稍稍冷却后把它加入巧克力中。用打蛋器混合巧克力和纯牛奶，直到其呈现出纹路和光泽。如果使用的是香草精的话，就在此刻加入，继续搅拌直至呈现奶油状。随后装入密闭容器中在常温下冷却 24 小时。用电动搅拌器搅拌至丝滑的奶油状。然后把做好的奶油放入装有波浪形裱花嘴的裱花袋中使用。

# 步骤

**配料**

天蓝色干佩斯（约 80 克）

黄油

食用胶

白色糖豆

带有可食用颜料的糖纸

**工具**

擀面杖

有花纹的擀面杖

婴儿车模具

小花形打孔器

标线齿轮

刷子

**1.** 在涂有黄油的面板上，用擀面杖擀出一张 3 毫米厚的干佩斯饼。拿起干佩斯饼后，继续在桌面上涂少量黄油以防其黏在面板上。用花纹擀面杖用力按压，以使面饼上均匀地出现图案花纹。用婴儿车模具做出一个小婴儿车形的干佩斯。

**2.** 如图 **2** 所示，用标线齿轮画线，再用食用胶把白色小糖豆黏贴在刚刚划好的线上。

**3.** 用小花形打孔器制作出一定数量的小花。如果不是立刻食用的话，应将小花放在密封塑料袋中保存以防变干。

**4.** 把小花粘贴到婴儿车的轮子部位，用刷子把食用胶轻轻地刷在上面。

**5.** 最后，用裱花奶油嘴把之前做好的巧克力奶油挤到蛋糕的顶部（见 199 页）并把干佩斯做的婴儿车放在奶油上面。

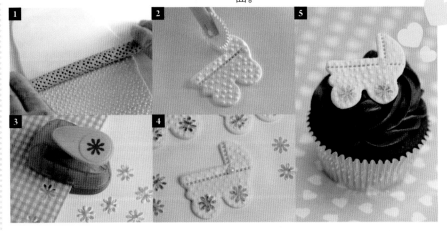

# 蓝珊瑚
# 鸡尾酒蛋糕

蓝珊瑚鸡尾酒 1960 年诞生于巴黎的哈利酒吧，这家著名的酒吧还发明了血腥玛瑞、白衣女士和边车等著名鸡尾酒。哈利酒吧从 1911 年开业至今，一直是巴黎夜生活中的典范，它曾经有过很多的著名客人，例如萨特、海明威、香奈儿等。

我喜欢在夏日的午后独饮一杯蓝珊瑚鸡尾酒。我在巴黎时也曾经到哈利酒吧品尝过这款鸡尾酒。我情不自禁地要用这款鸡尾酒来制作一款精美的蛋糕。

49

# 配方
# 蓝珊瑚蛋糕

这款蛋糕包含了调制蓝珊瑚鸡尾酒的各种配料:
伏特加、蓝甘桂酒、西柚和菠萝,这会是非常美味的结合。

**配料**(大约可制作 24 个蛋糕)

黄油 150 克

白砂糖 110 克

鸡蛋 3 个

面粉 60 克

玉米粉 55 克

伏特加 1 匙

蓝甘桂酒 2 匙

酵母粉 1 匙

菠萝 12 小块

蓝珊瑚鸡尾酒糖汁

**准备工作**

搅拌黄油和糖的混合物至奶油状,加入蛋黄后继续搅拌,然后加入伏特加酒和蓝甘桂酒。

混合面粉、玉米粉和酵母粉,并且加到上一步做好的混合物中。搅拌蛋清至奶油状,加入混合物中并轻轻地混合它们。

把面团装入蛋糕纸杯中,首先覆盖住纸杯底部,随后放入菠萝块,然后继续放入面团至纸杯四分之三的位置。

用 180 度的温度烘焙 20 分钟。从烤箱中取出后,立刻用刷子刷上蓝珊瑚鸡尾酒糖汁。这不仅可以让蛋糕拥有其独特的味道,也可以让蛋糕保持湿润和新鲜。

# 蓝珊瑚鸡尾酒

### 配料

伏特加 3 份

蓝甘桂酒 3 份

柠檬汁 4 份

冰块

菠萝 1 块(装饰所用)

### 准备工作

首先将 3 份伏特加酒倒入装满冰块的鸡尾酒杯中,然后加入 3 份蓝甘桂酒和 4 份柠檬汁。摇动鸡尾酒杯使之充分混合。最后用菠萝块装饰酒杯。

# 蓝珊瑚鸡尾酒糖汁

将 3 勺无冰的蓝珊瑚鸡尾酒放入锅中,加入 4 勺的糖,然后将其加热至沸腾,并且使糖晶体完全溶解。当它开始沸腾时,立刻熄火。让糖汁在常温下冷却,再次加入 4 勺蓝珊瑚鸡尾酒,并且把糖汁装入密封的塑料容器中备用。

# 蓝珊瑚口味
# 瑞士奶油

**配料**（大约可装饰 20 个蛋糕或 40 个迷你型蛋糕）

糖 550 克

灭菌鸡蛋清 280 克

常温黄油 550 克

塔塔酱 1 小匙或塔塔粉 5 克

柠檬碎屑（不含化学添加剂）

伏特加 30 克、蓝甘桂酒 30 克

菠萝果粉 20 克、绿松石色面包着色剂 *

## 准备工作

将鸡蛋和糖放入碗中，使用电动打蛋器搅拌直至其完全混合，然后把碗放入锅中加热并翻动，直到糖晶体完全溶解（一般 55 摄氏度时糖会溶解，但是没有必要用温度计测量，只需要感觉锅的温度，并且用打蛋器挑出一些蛋清，如果发现没有糖则说明糖已经溶解了）。把做好的东西放在常温下冷却。

随后，把制作好的食材放入电动搅拌器中用最快的速度搅拌。然后加入塔塔酱。一次性地加入黄油，并使用刮刀以最慢的速度搅拌。最后加入柠檬碎屑、少量伏特加酒和蓝甘桂酒。继续以最慢的速度搅拌，直到其呈现奶油状。最后，把菠萝果粉加入其中，继续搅拌直到其呈现奶油状。然后再加入着色剂。

**注意：**打蛋器只是用来搅拌奶油的。如果没有装有刮刀的电动搅拌器，可以用刮刀手动搅拌，因为如果用打蛋器的话效果会很差。

（*）水果果粉保留了水果的味道、颜色、维生素和矿物质成分，并且更容易吸收。水果果粉可以在蛋糕店或者杂货店买到。

# 步骤

**工具**

白色翻糖（约 30 克）

白色食用色素

银色糖豆

奶油嘴

裱花嘴塑料接头

中型波浪形裱花嘴

**1.** 将蓝珊瑚奶油加入装有波浪形裱花嘴的裱花袋当中。按照下图所示，从蛋糕的边缘部位开始，挤出一条长度大约为 2 厘米的奶油条。重复此动作直至成为图中的形状。然后在刚刚做好的奶油上面继续挤出 5 个奶油条，遮盖住中间裸露的部分。

**2.** 制作蛋糕中间的珠宝时，首先做出直径 1 厘米的白色翻糖小球，然后把它放入装有食用色素粉的塑料袋中，然后用力晃动塑料袋，使小球均匀地粘上色素粉。把制作好的珠宝放到蛋糕上方奶油的中间位置，并且用小糖豆装饰其边缘。如果需要的话，还可以使用筷子摆好它们的位置。

# 纽扣

这款色泽柔和的蛋糕非常适合婴儿的洗礼仪式和一岁生日宴会。粉色的花朵装饰，上面点缀着糖制的纽扣，让整个餐桌都变得十分甜蜜，且具有时尚气息。

# 配方
# 柠檬派蛋糕

柠檬派是非常经典的口味，当移植到蛋糕中的时候也不会丢失它原来的口味。这款蛋糕的设计完美融合了柠檬味戚风蛋糕、柠檬酸奶油和甜蜜柔软的意大利奶油夹心。

## 柠檬蛋糕

**配料**（大约可制作 12 个）

软黄油 80 克

糖 220 克

鸡蛋 2 个

精细面粉 130 克

柠檬汁和柠檬碎屑 3 匙

酵母粉 1 匙或 10 克

**准备工作**

搅拌黄油和糖的混合物直至奶油状。加入柠檬碎屑和鸡蛋，然后继续搅拌。混合酵母粉和面粉，然后一点点地加入柠檬汁。把调好的面糊倒入蛋糕纸杯中至四分之三处。用 180 度的温度烘焙 20 分钟。

## 意大利奶油夹心

**配料**

鸡蛋清 6 个、水 140 毫升、糖 500 克

**准备工作**

用电动搅拌器把鸡蛋清搅拌成奶油状。把糖和水放入锅中加热，直至糖完全溶解于水中，要在糖水煮沸之前停止搅动（当沸腾时千万不要搅动糖水，因为这样做的话会结晶）。当糖浆快要沸腾时用温度计测量，当温度达到 120 度的时候就熄火，并把糖浆一点点地倒入搅拌好的鸡蛋清中。用最快的速度搅拌 15 分钟，直至混合物冷却并且立刻使用。

奶油刚做好的时候最适合使用，但也可以保存一天并在使用前继续搅拌，但是口感就会差很多了。

## 柠檬奶油

**配料**

鸡蛋黄 4 个

糖 100 克

柠檬汁 75 毫升

中性果胶 1 份

水 3 匙

4 个鸡蛋的蛋清

糖 100 克

**准备工作**

将蛋黄、糖和柠檬汁混合，并隔水加热搅拌至奶油状。将水和果胶混合，并加入刚刚做好的奶油中，搅拌至其充分混合。

将 4 个鸡蛋的蛋清和 100 克糖做成奶油夹心，并轻轻地把它加入上一步做好的奶油中。放置于常温中 1 小时，待其冷却后使用。

# 步骤

| 配料 | 工具 |
|------|------|
| 蓝色食用色素 | 擀面杖 |
| 蛋黄和蛋清 | 2D 号裱花嘴 |
| 天蓝色干佩斯（约 50 克） | 奶油嘴 |
| | 纽扣 |
| 淡黄色干佩斯（约 50 克） | 刷子 |
| 黄油 | |

**小贴士**

为了制作好玫瑰花图案，应该在使用裱花嘴时悬空挤压，而不是直接接触蛋糕表面。

**1.** 为了制作糖纽扣，首先把黄油涂抹到面板上，用擀面杖把天蓝色干佩斯和黄色干佩斯擀成大约 1 厘米厚。然后，用裱花嘴剪裁出圆形。

**2.** 把纽扣用力按压在面饼上。

**3.** 用小刷子的把手在纽扣上做出小洞，然后晾干 20 分钟。

**4.** 为了把蛋糕塞满柠檬奶油，首先用小刀在蛋糕顶部开口，然后按照苹果去核的方法去掉蛋糕的中间部分，随后把奶油从小洞中灌入，最后把蛋糕的顶盖部分盖好。（见 192 页）

**5.** 把奶油夹心分成两份，一份加入天蓝色色素，另一份加入淡黄色色素。用 2D 号裱花嘴接上奶油嘴，并且装满奶油。如图 5 所示，为了在蛋糕上做出玫瑰花，要用奶油嘴在蛋糕中间由内向外顺时针挤出奶油。

**6.** 如图 6 所示，在仅剩蛋糕边缘没有涂上奶油时，要用奶油嘴在边缘位置挤出奶油。

**7.** 最后，把做好的纽扣放在奶油上即可。

# 蔷薇花

　　新娘们会给我带来一些精美的纺织品和花边装饰来到我的工作室，让我用在她们的婚礼蛋糕上。最近，我一直致力于制作婚礼蛋糕，新娘们穿着的美丽婚纱是我创作的灵感来源。

　　我用自己独特的设计制作了一些婚礼用的甜点，它们的花纹装饰可以完美地用在新娘的婚纱上。

　　婚礼上的甜品就应该是令人惊奇和难忘的。在设计这些甜点的时候需要考虑三条原则：第一，甜点要与婚礼的风格相和谐；第二，使用稍微精致一点的装饰，并且利用蛋糕基座和蛋糕盘来让甜点更精美；第三，婚礼上提供的甜点应该美味和小巧玲珑。

# 配方
# 樱桃开心果蛋糕

这款蛋糕口感酥脆、味道鲜美，它特有的樱桃内心也是很难令人拒绝的。如果樱桃不是当季水果的话，也可以用欧洲酸樱桃糖水替代。欧洲酸樱桃是一种野生的樱桃，口感酸涩，通常做成糖水使用。

**配料**（大约可以制作 12 个蛋糕）

常温黄油 110 克

糖 110 克

鸡蛋 2 个

开心果 55 克

面粉 100 克

酵母粉 1 小匙

牛奶 2 匙

去核樱桃 12 个

**准备工作**

混合黄油和糖并搅拌成奶油状。一个一个地加入鸡蛋并继续搅拌。随后加入提前碾碎的开心果，并继续搅拌。

把酵母菌加入面粉当中，使之充分混合。把面粉加入之前准备好的食材当中，并放入两杯牛奶。

把制作好的食材倒入蛋糕纸杯中，覆盖其底部。然后装入樱桃，并继续倒至四分之三的位置。

预热烤箱 15 分钟，然后用 180 度的温度烘焙 20 分钟。

这种甜点餐桌中加入了我独创设计的花形杯装蛋糕，而这些蛋糕是我模仿新娘的婚纱设计的。我用奶油把新郎新娘名字的首字母和婚礼的一些细节写在了玻璃容器上，因此制作出了令人难以置信的效果来吸引宾客的注意力。

# 步骤

## 配料

白色翻糖（约 500 克）

白色干佩斯（约 250 克）

食用胶

蓝色食用色素

2 毫米和 4 毫米的银色糖豆

白色奶油

食用胶

## 工具

雏菊形模具

（3 种型号：大型、中型和小型）

6 瓣花形模具

8 瓣花形模具

小刀

小擀面杖

擀面杖

案板

细刷子

大刷子（化妆用的）

剪刀

**1.** 为了做好那些花朵，首先应该做一些基座，以让面团可以在其中变干。如图 **1** 所示，将一片锡箔纸揉成一个直径 10 厘米的小球，然后把它的中间按下去，捏成凹形，然后用另一片锡箔纸包住它，把它的皱纹都覆盖住。这样就做好了花的底盘。

**2.** 在一个涂过黄油的面板上，用擀面杖把白色干佩斯擀成 2 毫米厚的面片，用大型和中型的雏菊形模具分别剪裁出两片雏菊。

**3.** 把小花放到面板上，并用小擀面杖轻轻按压，使它变得更细腻。

**4.** 如图 **4** 所示，把花瓣向花朵的中心折叠，并且用小刀在花瓣的中间轻轻地划出标记。

**5.** 用同样的方法做出中型雏菊。

小贴士

为了在玻璃罩上画出图案，要使用 1 号裱花嘴。首先，在纸上画出你想要的图案，并把它贴在玻璃罩的内部一侧。图案一旦画好后，必须晾干几个小时候。

**6.** 把中型的花用食用胶黏贴在大花上面，使用刷子的手柄轻轻按压中间的位置。

**7.** 最后，把直径 4 毫米的银色糖豆用食用胶黏贴在中间位置。为了制作小一点的花朵，就用同样的方法制作中型花朵和小型花朵即可。

**8.** 如图 **8** 所示，可在花瓣上剪出一些垂直的条纹，让花看起来更好看。

**9.** 在一个涂过黄油的面板上用擀面杖把白色干佩斯擀成 2 毫米的面片，用 6 瓣花形和 8 瓣花形模板剪裁。在中间用小擀面杖按出标记，然后把它放在塑料盘中晾干。花朵的另一种形状则是用剪刀在花朵的每个花瓣上剪出条纹，然后用食用胶一个一个地粘贴起来，并在中间位置粘上直径 2 毫米的糖豆。

**10.** 在撒上白砂糖的表面，用擀面杖把白色翻糖擀成 3 毫米厚的饼状。用直径稍微比杯装蛋糕直径大一些的圆形模具剪裁出可以覆盖在蛋糕上的部分。把翻糖放在蛋糕上面，固定好并刷上提前准备好的糖水。当覆盖好后，可以使用大刷子刷上食用色素，让它看起来很有光泽。（见 202 页）

**11.** 最后，把小花粘在蛋糕上。如果翻糖还是新鲜的，就可以用食用胶粘贴；如果翻糖已经变干，则使用奶油粘贴。

# 绣球花

我制作的不含任何香料的橘子和胡萝卜蛋糕美味、新鲜、口感丝滑，它的味道让人难以拒绝。这款蛋糕的装饰也远比看起来简单。

# 配方

# 马斯卡邦尼香草奶酪口味
# 胡萝卜橙子蛋糕

**配料**（可制作约 16 个）

软黄油 170 克

红糖 170 克

鸡蛋 3 个

2 个橙子制作的橙汁及残渣

胡萝卜碎屑 265 克

核桃 40 克

面粉 200 克

酵母粉 2 匙

3 个橙子制作的橙汁（为了制作糖水）

**准备工作**

　　搅拌黄油和糖的混合物至奶油状。加入鸡蛋和柠檬碎屑后继续搅拌。用过滤器把胡萝卜碎屑的水分挤干净，然后加入上一食材中并充分混合。随后加入磨碎的核桃。把面粉和酵母粉混合后搅拌。把所有准备好的食材混合到一起，然后加入适量的橙汁。

　　把制作好的混合物倒入蛋糕纸杯中至四分之三的位置。用 180 度的温度烘焙 25 分钟。烤好后立刻把橙汁糖水刷在蛋糕上。

# 马斯卡邦尼香草奶酪

**配料**

马斯卡邦尼奶酪 250 克

糖 180 克

无色香草精 1 匙

丁香色和紫罗兰色食用色素

**准备工作**

　　去除马斯卡邦尼奶油的水清状液体，加入少量白砂糖，以电动搅拌器的最快速度搅拌至奶油状，然后加入香草精并搅拌。把奶油分成两份，一份用丁香色的食用色素染色，另一份则使用紫罗兰色的食用色素。另需保留大约 2 匙的原色奶油。

　　如果需要制作香橙口味的奶油，则使用橙子碎屑和橙汁即可。

# 橙汁糖水

在锅中倒入橙汁和 50 克糖，加热并搅拌直至沸腾，使糖完全溶解。当液体开始沸腾时立刻熄火。让糖水冷却一段时间，把它放入密封的塑料容器中待用。

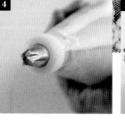

# 步骤

## 配料

白色、丁香色和紫罗兰色的马斯卡邦尼奶油

## 工具

刮刀、奶油嘴
裱花嘴塑料接头、四角星形裱花嘴

**1.** 用刮刀把丁香色的奶油抹到蛋糕上。

**2.** 先准备好一个裱花袋。如图 **2** 所示，在裱花袋中加入白色奶油，然后在裱花袋的头部接上四角星形裱花嘴。

**3.** 然后把丁香色的奶油装入另一个裱花袋中，让白色的奶油位于两侧，如图 **3** 所示。

**4.** 用同样的方法制作装有紫罗兰色奶油的奶油嘴。

**5.** 在蛋糕上从外向内地挤压裱花袋里的奶油，挤出花纹的图案。丁香色和紫罗兰色的奶油嘴要交替使用，可以制作两种不同的形状：一种是使用花纹覆盖住整个蛋糕的表面，另一种是制作蛋糕的花冠。

# 毛茛和茉莉花

我最喜欢的花是毛茛。我曾经把茉莉花和毛茛的形状用在我的蛋糕设计中，这种设计经常被用在婚礼的甜点中。

现在，杯装蛋糕渐渐成为传统婚礼蛋糕的替代品，尤其是对于那些渴望浪漫但又不想因循守旧的情侣。为此我设计了这种风格奇妙、制作精美的蛋糕，它们在视觉和味觉上都是绝妙的体验。

制作这些糖花需要一些时间和耐心，但这绝对是一种神奇的体验。

# 配方

# 欧洲越橘
# 苹果味蛋糕

这款纯水果口味的蛋糕有着欧洲越橘夹心，保证了每一口的新鲜口感。

**配料**（大约制作 12 个杯装蛋糕）

鸡蛋 2 个、软黄油 150 克

糖 200 克、面粉 260 克

酵母粉 1 小匙、大号青苹果 1 个

1 个柠檬的汁、新鲜欧洲越橘 24 个

## 准备工作

混合糖和黄油，加入 2 个鸡蛋的蛋黄（保留蛋清）并且搅拌。然后加入碎苹果，快速搅拌。混合面粉和酵母粉，搅拌成面糊，并且加入柠檬汁。把两个鸡蛋的蛋清搅拌至奶油状，然后加入其中。

用面团覆盖住蛋糕纸杯的底部，然后放入欧洲越橘，再用面团覆盖住越橘至纸杯的四分之三处。用 180 度的温度烘焙至 25 分钟。

# 步骤

## 配料

白色干佩斯（约 600 克）

绿色干佩斯（约 400 克）

白色翻糖（约 500 克）

绿色食用色素

食用胶

## 工具

3 厘米和 5 厘米直径圆形模具

玫瑰花花萼形模具

茉莉花形模具

擀面杖、小擀面杖

刀子、塑料蛋盘

带有小孔的面板

刷子、连接食材的金属线

**1.** 首先，用白色干佩斯制作 3 厘米直径的小球（如果想做大一些的花朵，只需把直径稍稍加大即可）。在此小球上用食用胶粘上 20 号的金属线，随后晾干 24 小时。

**2.** 把亮绿色的干佩斯剪裁出 3 厘米直径的面饼，并用食用胶把它粘在小球上。然后用纽扣粘在面团上方，制作出图案并且晾干。

**3.** 把亮绿色的干佩斯剪裁出 4 个直径 3 厘米的小球，完善一下小球的边缘，并把它们放在盘中晾干 10 分钟。

**4.** 把这些面片按照图中的样子粘贴在面团的四周。另外再剪裁出 4 个直径 3 厘米的圆形绿色面片，修缮一下它们的边缘，并且在塑料蛋盘中晾干 10 分钟。然后把这些花瓣粘在上一次粘好的花瓣上。轻轻按压，使它

们黏合得更紧密。如果不稍稍按压的话，花瓣间可能粘贴得不紧密，因为面团已经有些干了。

剪裁出 5 个直径 3 厘米的圆形绿色干佩斯片，修缮其边缘后放入蛋盘中 10 分钟。如图 **4** 所示，把它们黏贴在花朵的外侧。

**5.** 剪切出 6 个直径 5 厘米的白色圆形干佩斯片，修缮其边缘后放入蛋盘中晾 10 分钟。然后用食用胶把这些花瓣一个接一个地黏贴在花朵外侧。这些花瓣应该黏贴在同一高度，如果不这样做的话越橘就不能包裹严密。如果希望得到更大的花朵，就需要重复以上过程来制作。

**6.** 最后，用玫瑰花花萼模具剪裁绿色的干佩斯片，并用食用胶把它黏贴在花朵的后端。

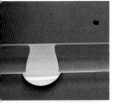

最后，用刷子蘸上一些绿色食用色素粉末，并且把多余的部分擦去，并且粉刷毛茛的中间部位。

**7.** 为了制作茉莉花，先揉好一个 3 厘米直径的白色的干佩斯，然后用擀面杖擀平。

**8.** 如图 8 所示，把擀平的面片放在面板上，然后用茉莉花形模具剪裁。

**9.** 然后用小擀面杖修缮茉莉花的花瓣，并且用刷子的手柄在茉莉花的中间扎出一个小洞。

**10.** 按照图中的方法，用手指揉捏茉莉花的一个花瓣，做成花柄。

**11.** 在面变干后，把亮绿色的食用色素份刷在茉莉花的中间和花柄部位，并且把涂多的色素粉擦去。

**12.** 在一个撒有白砂糖的表面，把白色翻糖擀成 3 毫米厚。用直径大于蛋糕宽度的圆形模具剪裁出所需的翻糖顶。把做好的翻糖顶放到蛋糕上，轻轻按压使之贴合，并提前刷好杏糖水。

**13.** 最后，把毛茛用食用胶粘贴在蛋糕上。可以把之前使用的金属线拿出去，以防金属物质过多地接触食物，造成不健康隐患。切忌用茉莉花装饰蛋糕。

# 芭蕾舞

　　在我女儿第一次表演芭蕾舞剧《胡桃夹子》的时候，我受到了她粉色芭蕾舞短裙和舞鞋的启发，创造了这款蛋糕。这款蛋糕非常甜美细腻，相信所有的芭蕾舞者和芭蕾舞爱好者都会喜爱这款蛋糕。

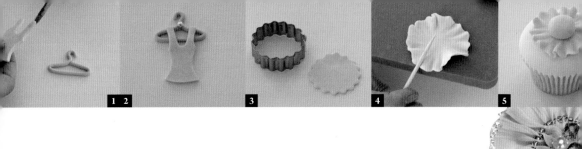

# 配方

# 椰子西番莲蛋糕

西番莲浓厚的味道让人着迷。这款蛋糕的奶油夹心和甜蜜的味道让每一个尝过这款蛋糕的人都十分留恋。

**配料**（大约可制作 12 个蛋糕）

软黄油 200 克

糖 200 克

西番莲果酱 3 匙

精致面粉 270 克

椰子碎屑 30 克

鸡蛋 4 个

**准备工作**

搅拌黄油和糖的混合物至奶油状，随后加入鸡蛋继续搅拌。然后加入西番莲果酱和椰子碎屑。再分三次加入精致面粉，搅拌至完全混合。

把面团倒入蛋糕纸杯中至四分之三的位置，用 180 度的温度烘焙 20 分钟。

# 椰子西番莲马斯卡邦尼奶油

**配料**

马斯卡邦尼 200 克

西番莲果酱 100 克

（大约 6 个）

椰子碎屑 1 匙

白砂糖 6 匙

**准备工作**

在一个碗中放入马斯卡邦尼奶酪，去除多余的水分，加入西番莲果酱、椰子碎屑和白砂糖。用电动打蛋器搅拌成奶油状。

**蛋糕夹心**

用苹果去核的方法去除蛋糕的中间部分，只留下上面的一层盖子。用椰子西番莲马斯卡邦尼奶油填满蛋糕，然后把蛋糕的盖子盖上（见 192 页）。在盖住的时候可以把一些奶油涂在接触面上，这样盖子可以更稳固。然后在一个撒有白砂糖的表面把白色翻糖擀成 3 毫米厚。用圆形模具剪裁出比蛋糕直径稍稍大一些的形状，然后放在蛋糕的顶部。轻轻地按压翻糖，让它可以与蛋糕贴合得更紧（见 202 页）。

# 步骤

## 配料

白色翻糖（约 500 克）

亮粉色干佩斯（约 400 克）

暗粉色干佩斯（约 30 克）

薰衣草色干佩斯（约 50 克）

白色食用颜料

银色糖豆

食用胶

## 工具

4 厘米直径圆形模具和舞衣模具

擀面杖

小擀面杖

刀子

案板

刷子

烤串竹签

**1.** 把薰衣草色的干佩斯擀成一个 8 厘米长的条状，然后折叠成一个三角形状，上面留出一些部分，做成衣架的钩子部分。在钩子和衣架的中间位置用食用胶粘贴上一个银色糖豆。

**2.** 在一个涂油黄油的表面，用擀面杖把亮粉色的干佩斯擀成 1 毫米的厚度。把做好的干佩斯放在纸质模具上，用刀子剪裁出芭蕾舞舞衣的形状，随后用食用胶把它黏贴在衣架上。

**3.** 在一个涂过黄油的面板，用擀面杖把亮粉色的干佩斯擀成 1 毫米厚度。然后用图中所示的模具剪出两块此形状的面片，放在塑料容器上待用。

**4.** 如图 **4** 所示，在案板上用小擀面杖修缮其边缘，并做出波浪形的形状。一共做出两个这种形状的面片。

**5.** 在面片的中部位置涂上一些食用胶，把它黏贴在蛋糕的上方。

**6.** 在另一个面片的边缘刷上食用胶，再涂上少量的果酱，并把它粘在上个步骤中的面片上。

**7.** 把芭蕾舞舞衣部分粘贴在裙子上方，轻轻按压使之贴合紧密。服饰的主体部分应该尽量干燥，使之可以贴合紧密。制作一个小玫瑰花，放在芭蕾舞舞裙的腰带位置作为装饰。

**8.** 为了制作芭蕾舞舞鞋，首先把粉色干佩斯捏成图 **8** 中的样子。

**9.** 然后用小球修整出舞鞋的内部。

**10.** 最后，把亮粉色干佩斯擀出 2 毫米厚的面饼，剪裁出两个 10 厘米长和 0.5 厘米宽的长条，然后从中间对折并用剪刀剪开，随后刷上一些食用胶，并粘贴在舞鞋的后部，并按照图 **10** 中所示摆出这种形状。最后用小玫瑰花装饰舞鞋。

# 温馨
# 可爱风

合欢花使人回忆起森林中清新的气息和春日花园的美景,它醉人的香味是我最喜爱的味道之一。它细腻、神秘和纯净的芬芳总是让我想起清晨的露水。

铃兰花是高贵典雅的。这款蛋糕与新怀日风格的结合,融合了白色和水绿色。

# 步骤

## 配料

液体翻糖（见 199 页）

叶绿色食用色素

白色干佩斯（约 80 克）

绿色干佩斯（约 80 克）

绿色奶油

食用胶

## 工具

6 瓣花形模具

擀面杖、刀子

小擀面杖

海绵、裱花袋

裱花嘴塑料接头

3 号圆形裱花嘴

刷子、绿色天鹅绒系带

**1.** 在一个涂过黄油的面板上把白色干佩斯用擀面杖擀成 1 毫米厚。用 6 瓣花形模具剪切出 16 个花朵。做好花朵以后把它放在海绵上，用小擀面杖的一端扎出一个小洞。

**2.** 把绿色干佩斯擀出 1 毫米的厚度。用刀子将每个蛋糕剪成 3 片 6 厘米长的树叶状。还要用小刀在树叶上做出叶脉。做好了以后要放在塑料袋中保存，以防止它变得过于干燥。

**3.** 用亮绿色的液体翻糖涂抹蛋糕（见 200 页）。在液体翻糖变干后，把小蛋糕放在大蛋糕的中央，用奶油黏住。

**4.** 把食用胶涂在树叶的表面和底部，然后轻轻地粘贴在一起。随后用装有裱花嘴的奶油嘴沿着树叶的纹理划出 3 条奶油条纹。在树叶上和小蛋糕的上方粘上一些铃兰花。最后在树叶的底部粘上绿色天鹅绒系带。

# 配方

# 香橙蛋糕

**配料**（可制作 8 组蛋糕）

黄油 150 克

白砂糖 110 克

鸡蛋 3 个

橙子碎屑

橙子汁 2 匙

面粉 60 克

玉米粉 60 克

酵母粉 1 小匙

橙子糖水（见 194 页）

## 准备工作

混合糖和黄油并搅拌成奶油状，随后加入橙子碎屑、橙子汁和蛋黄，并继续搅拌。

混合面粉、玉米粉和酵母粉，加入到刚刚准备的面糊中。搅拌蛋清成奶油状，随后把蛋清加入其中。倒入蛋糕纸杯中至四分之三的位置。

用 180 度温度烘焙 20 分钟。刚刚烘焙好后，就用橙子糖汁涂抹蛋糕，这不仅会给蛋糕浓密的味道，还能让蛋糕保持湿润和新鲜。

# 乡间花园

这款蛋糕的设计就像春季的花园一样清新，这种装饰在大部分聚会中都会备受瞩目。

把蛋糕上的翻糖做得美轮美奂是一件简单的事情，同时在视觉上会产生良好的效果。

# 配方

# 芒果、白巧克力和椰子蛋糕

这款松软的椰子蛋糕有着美味的芒果和白巧克力夹心。如果需要把口味做得更为经典一些，则可以使用香草巧克力夹心替换芒果和白巧克力夹心。

## 芒果白巧克力夹心

**配料**

白巧克力 150 克

纯牛奶 40 克

芒果果泥 50 克

**准备工作**

在小锅中融化白巧克力。煮熟牛奶，稍稍冷却后把它加到巧克力中，并用打蛋器搅拌成奶油状。把芒果果泥加入其中，并继续搅拌。把做好的材料放到冰箱中冷却 3 小时。当它变硬的时候，用茶勺挖出 12 个巧克力小球，并使它们继续冻住，以待使用。如果有夹心糖模具的话，则可以直接使用模具做好夹心。

## 椰子蛋糕

**配料**（可制作 12 个蛋糕）

鸡蛋 6 个

糖 140 克

面粉 120 克

酵母粉 2 小匙

椰子碎屑 70 克

黄油 125 克

**准备工作**

面粉、酵母粉和椰子碎屑搅拌在一起，仔细混合并且保存起来。

把蛋黄从鸡蛋中分离出来并保存，搅拌鸡蛋清直至出现泡沫，然后一点点地加入糖。当蛋清搅拌好后，加入蛋黄，继续搅拌。然后一点点地加入面粉、酵母粉和椰子碎屑的混合物，用刮刀轻轻地搅拌。把黄油在锅中融化成液体，并且加入其中。

把制作好的材料倒入蛋糕纸杯中至一半的位置，随后放入芒果白巧克力夹心球，随后继续用面团盖住。用180度温度烘焙15~20分钟。

# 步骤

**1.** 在一个涂有黄油的表面，用擀面杖把白色干佩斯擀成 1 毫米的厚度。用喇叭花模具剪切出 24 片，放在塑料托盘中晾干。用小刷子蘸亮绿色的色素粉将做好的小花的中间部位涂成绿色（见 206 页）。然后用刷子蘸一些食用胶，把食用胶涂在花的中间位置，然后粘上一个小糖豆，并用手指轻轻按压使之贴合得更紧密。放在塑料托盘上晾干 2 小时。

**2.** 为了制作蛋糕顶部的翻糖，首先在撒有白砂糖的面板将粉色翻糖擀成 3 厘米厚。经常翻动翻糖使之不黏在面板上。做几个绿色和米色的翻糖团，把它们放在粉色的翻糖饼上，然后用擀面杖擀成图 **2** 中所示的形状。

**3.** 把翻糖饼放到白砂糖上，然后用带有图案的擀面杖在表面擀出图案。

**4.** 用直径稍大于蛋糕直径的圆形模具剪切出一些圆形翻糖片。提前在蛋糕上涂上糖水，然后把翻糖片放在蛋糕的顶部。

**5.** 最后，用食用胶把糖花黏贴在蛋糕上，如果翻糖还是较新鲜的，则稍加用力即可粘贴紧密；如果翻糖已经变得干燥，那么涂上一些奶油即可。

配料

粉色翻糖（约 500 克）

亮绿色翻糖（约 150 克）

米色翻糖（约 150 克）

白色干佩斯（约 100 克）

食用胶

亮绿色食用色素

珍珠色糖豆

食用胶


工具

喇叭花模具

擀面杖

玫瑰花图案小擀面杖

塑料托盘

刷子

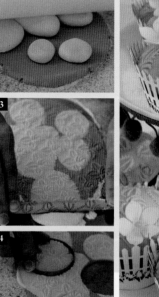

# 下午茶时间

　　下午茶的习惯起源于英国，随后传播到全世界，人们都选择抽出一些时间进行短暂的休息。无论是重大活动还是小小聚会，我们总是会有理由去享受茶和甜点。

# 配方

# 草莓、巧克力和香草蛋糕

甜品中的三个传奇：香草、草莓和巧克力。它们完全可以满足任何口味的需求。存在的一种变化是用白巧克力替换牛奶巧克力，然后和草莓一起做成美味的夹心。

## 草莓巧克力夹心

### 配料

牛奶巧克力 150 克

纯牛奶 40 克

草莓酱 50 克

新鲜草莓块 20 克

### 准备工作

把巧克力放在锅里融化。把牛奶煮沸，冷却一会儿后和巧克力混合。用打蛋器搅拌巧克力至奶油状。加入草莓酱，继续搅拌。随后加入草莓块。放入冰箱中冷藏 3 小时。当巧克力稍稍凝固时，用茶勺挖出 12 个小球，并且把巧克力小球冻成固体。将他们放在冰箱中待用。如果有夹心糖模具的话，则可以用模具做好后在放到冰箱里。

## 香草蛋糕

### 配料（可制作约 12 个蛋糕）

常温黄油 120 克

糖 240 克

鸡蛋 4 个

面粉 130 克

玉米粉 30 克

酵母粉 1 小匙

香草精粉 1 小匙 或 香草粉 5 克

### 准备工作

混合黄油和糖并搅拌至奶油状，然后加入香草精。

混合面粉、玉米粉和酵母粉，稍稍搅拌后加入鸡蛋。

把面糊倒入蛋糕纸杯中至中间位置，然后放入草莓巧克力夹心球，然后继续倒面糊覆盖住。放入烤箱中用 180 度烘焙 20 分钟。

# 步骤

## 配料

棕色翻糖（约 500 克）

白色干佩斯（约 50 克）

粉色干佩斯（约 50 克）

亮粉色干佩斯（约 80 克）

亮绿色干佩斯（约 50 克）

食用胶

白色食用色素粉

珍珠白食用色素

黄油

## 工具

小玫瑰花花瓣模具

小叶子模具

玫瑰叶花纹擀面杖

小蝴蝶模具

图案凹槽板

小擀面杖

擀面杖

案板

刷子

锯齿剪刀

剪刀

纸板

**1.** 首先把白色干佩斯擀成 2 毫米厚。在图案凹槽板上和干佩斯上刷上珍珠白食用色素。

**2.** 把干佩斯放入图案凹槽板中，用力按压使图案可以印在上面。

**3.** 用擀面杖擀干佩斯，让图案更醒目。

**4.** 把干佩斯拿下来，重新刷一遍珍珠白食用色素，使之更有光泽。用蝴蝶模具剪裁出所需的蝴蝶。

**5.** 加热一下黄油，使之稍稍融化后刷在蝴蝶的翅膀上。

**6.** 把刷了黄油的翅膀放入含有白色食用色素粉的碗中。

**7.** 如图所示，把纸板折叠三次，把蝴蝶放在上面晾干 2 小时。

**8.** 制作玫瑰花、花蕾和叶子（见119 页）。

**9.** 制作 8 个用来装饰蛋糕的小玫瑰花（见 119 页）。

**10.** 在撒有白砂糖的面板上，用擀面杖把翻糖擀成 3 毫米厚。用圆形模具剪裁出可以覆盖在蛋糕顶部的形状。在涂有糖水的蛋糕顶部放入翻糖，稍稍按压使之贴合紧密（见 202 页）。

## 小贴士

用干佩斯制作出精美的花朵，一定要把它揉好。切记用塑料碗盖住制作好的东西，并且在其变干前尽快完成制作，不要让它接触太多的光照。

# 玫瑰花与
# 大丽花

我非常喜爱花园中的那些花朵和自由飞翔的小鸟。它们都是我设计中的灵感源泉。

西班牙有两个最有名的公园：雷迪罗公园和圣方济各，这两个地方的玫瑰花和大丽花都是春日中最美妙的风景。

## 配方

# 橙子水蜜桃蛋糕

　　这款蛋糕新鲜松软，富含多种水果，结合了水蜜桃味的奶油和橙子味的奶油。如果勤加练习，用裱花嘴挤制花型奶油是非常容易的一件事情。这款蛋糕可以在冰箱中保存4天之久，在食用之前置于常温中30分钟即可。

## 橙子水蜜桃蛋糕

**配料**（大约可制作 12 个蛋糕）

鸡蛋 2 个

软黄油 150 克

糖 200 克

面粉 260 克

酵母粉 1 小匙

水蜜桃 2 个

黄色或粉色的糊状或胶状食用色素

**准备工作**

　　混合黄油和糖，加入蛋黄并搅拌。水蜜桃去皮并做成果酱，将果酱加入其中。再加入面粉和酵母粉的混合物，然后加入橙汁。搅拌蛋清至奶油状，然后加入到混合物中，轻轻搅拌。

　　将面团放入蛋糕纸杯中至四分之三的位置，用 180 度烘焙 25 分钟。在烤好后，用橙子糖水刷一下蛋糕表面。

# 橙子糖水

（见 194 页）

## 水蜜桃黄油奶油

**配料**（可制作约 24 个）

糖 550 克

消毒过的蛋清 280 克

常温黄油 550 克

塔塔酱 1 小匙 或 黄原胶 5 克

水蜜桃果酱 80 克（见 196 页）

水蜜桃精粉 2 匙

粉色和蛋黄色食用胶

（＊）水果干是让奶油富有水果味的一种健康和天然的选择，因为水果干是水果的一种浓缩产品，可以保留水果的味道、颜色、维生素和营养成分。我喜欢在奶油中加入水果干，因为它拥有水果的天然味道。

**准备工作**

（见 197 页）

**注意**：打蛋器只适用于搅拌奶油夹心的过程中。如果没有装有刮刀的电动搅拌器的话，可以手动搅拌，因为用打蛋器的话效果会很差。

# 步骤

**配料**

粉色和黄色食用色素

**工具**

刮刀

裱花袋

裱花嘴塑料接头

大花瓣裱花嘴

6 号圆形裱花嘴

大叶子裱花嘴

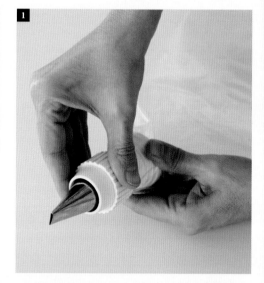

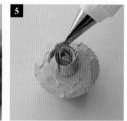

**1.** 把奶油分装在 4 个碗中，涂上色素：暗粉色、亮粉色、暗黄色、亮黄色。用刮刀搅拌，使它们充分混合。然后把做好的奶油放入奶油嘴中。

**2.** 用刮刀在蛋糕顶部涂抹亮粉色奶油。

**3.** 把暗粉色奶油装入奶油嘴中，接上圆形裱花嘴，在蛋糕中间位置做出一个小椎体作为玫瑰花的中央部位。如图所示，把花瓣形裱花嘴接在奶油嘴上，以 90 度垂直的角度使用裱花嘴，做出一个覆盖住小椎体的小花瓣。

**4.** 如图所示，用同样的方法做出下一个花瓣，不过是从上一个花瓣的中部开始做。

**5.** 继续用同样的方式制作花瓣，按照图中所示的办法制作 7 到 8 个花瓣。在结束每片花瓣制作的时候，不要把裱花嘴过快地抬起来，因为花瓣需要以一种方形的姿态呈现，否则花瓣就会呈现出圆形的特点。

**6.** 把亮粉色的奶油装入奶油嘴，以大约 45 度角的位置使用裱花嘴，但是不要从上一片花瓣的中间位置开始，而是像图中那样在稍稍靠上的地方。切记要抓紧裱花袋。制作

花的叶片应该在侧面依次排开。把奶油嘴放在蛋糕边缘 2 厘米的位置，轻轻且持续地挤压裱花袋，制作出花瓣的样子。如果制作得太快，花瓣就会显得不够饱满。用这种方法制作一圈花瓣。

**9.** 其他的花瓣也用同样的方法制作，但是让裱花嘴呈 45 度的位置。

**10.** 用装有暗粉色的奶油制作大丽花中间部位的花瓣，让裱花嘴呈 90 度的位置。

大概 14~16 片花瓣即可。这样的话，玫瑰就会呈现出绽放的样子。

**7.** 为了制作最后一部分花瓣，要把奶油嘴放在 180 度倾斜的位置（如图所示），让下一个花瓣紧密地贴合上一个的尾部。不能让花瓣脱离蛋糕的主体部分。在温度不超过 23 摄氏度的环境下，奶油可以较好地保持住形状。

**8.** 制作大丽花的奶油，要把亮粉色奶油装入裱花袋，并且连接上叶形裱花嘴。

# 普拉塔女王

"普拉塔女王"是我最喜欢的城市——布宜诺斯艾利斯的另一个名字。香蕉牛奶是阿根廷最有特色的饭后甜点，我在这款蛋糕中加入了香蕉牛奶，以向我的阿根廷血统致敬。

# 配方
# 坚果香蕉蛋糕

蛋糕中所需的焦糖牛奶可以买到现成的，蛋糕所用的糖较少，但奶油的甜味可以弥补这份缺憾。

**配料**（大约可制作 12 个）

常温黄油 100 克

糖 100 克

鸡蛋 2 个

香蕉 2 个

一个柠檬的柠檬汁

牛奶 30 克

面粉 240 克

酵母粉 2 小匙

食盐 1/4 匙

小苏打 1/4 匙

坚果 40 克

### 准备工作

混合黄油和糖并搅拌至奶油状，随后加入蛋黄继续搅拌。混合面粉、酵母粉、小苏打和盐茶，然后加入坚果并且搅拌。将柠檬汁淋在香蕉泥上，以防氧化，然后加入牛奶。

把所有准备好的材料都混合在一起，搅拌至奶油状后加入鸡蛋清，并且轻轻地混合它们。把做好的东西放进蛋糕纸杯中至四分之三的位置，用 180 度的温度烘焙 20 分钟。

# 家庭牛奶甜品

## 配料

纯牛奶 2 升

糖 500 克

液体葡萄糖 100 克

小苏打 1/2 匙

香草叶 1 份

## 准备工作

把牛奶和糖加入锅中，用大火煮，随后加入液体葡萄糖和香草；当快要煮沸的时候，改为小火，并且要一直搅拌防止粘锅。加入小苏打。用这种方法制作 45 分钟到 1 小时，并且中间要一直搅拌。

当混合物要煮到 110 度的时候就停火，然后加入凉水，一直搅拌使之慢慢冷却。

可以放入密封的玻璃容器中保存，并且可以在冰箱中保存 1 个月之久。

# 甜牛奶奶油

## 配料

奶油奶酪 100 克

常温黄油 40 克

白砂糖 75 克

牛奶甜品 150 克

鸡蛋清 3 份

糖 250 克

水 75 毫升

## 准备工作

混合奶油奶酪和白砂糖，加入黄油，并且一直搅拌。加入牛奶甜品，并且搅拌均匀。

把搅拌好的蛋清制成意大利奶油夹心。把糖和水加入锅中，加热且要持续搅拌，在将要煮沸的时候停止（在沸腾的时候不要搅拌，因为这样的话糖会结晶）。当温度接近 125 度的时候，把锅从火上拿开，一点点地加入鸡蛋清，并且不要搅拌（见 201 页）。随后，用最快的速度搅拌 15 分钟，使得其充分混合。

等到混合物冷却后加入到奶油中；如果还没冷却就多搅拌一会。用刮刀轻轻地搅拌混合物，直到他们完全混合在一起，并且有较为均匀的形态。

立刻把奶油放入裱花袋中，并且在蛋糕顶部从外带内挤制（见 199 页）。

# 步骤

## 配料

粉色干佩斯（500 克）

黄油

少量粉色奶油

粉色食用色素粉

直径 3 毫米或 4 毫米的糖豆

食用胶

刷子

## 材料

擀面杖

小花图案擀面杖

塑料直尺

心形模具

裱花袋

大号裱花嘴

1 号裱花嘴

裱花嘴接头

3 毫米或 4 毫米厚的纸板，用于制造圆柱体

刷子

画笔

1. 在涂有黄油的面板上，用擀面杖把干佩斯擀成 2 毫米的厚度。随后用直尺切出一块 10 厘米长、1 厘米宽的部分。晾干 1 小时后，用纸板辅助做成直径 4 厘米的圆圈（也可以用铝箔纸或者塑料圆柱体作为辅助工具）。

2. 把粉色干佩斯擀成 2 毫米的厚度，面板上要经常抹一些黄油以防黏连，随后用带有图案的擀面杖稍稍擀一下。

3. 用心形模具剪切出 5 个心形图案，并且让面饼上的小花图案位于每个心形图案的中间。

4. 在第 1 步做好的皇冠的边上涂上食用胶，并且按照图中的样子把心粘贴在皇冠周围。

5. 当皇冠变干后，刷上一些黄油，并且用画笔蘸上一些粉色色素，均匀地涂在皇冠上。用装有 1 号裱花嘴的裱花袋把粉色奶油稍稍涂抹在皇冠上，并且在上面放上糖豆。

6. 最后，把做好的皇冠放在蛋糕上。

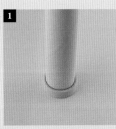
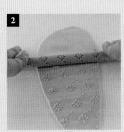
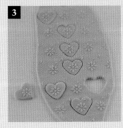

# 时尚曲奇饼干

# 曲奇饼干

装饰精美的饼干一直都是很受欢迎的，同时也是派对中必备甜点或是赠送宾客的佳品，无论是小孩的生日会还是成年人的婚礼。

丰富多彩的饼干仿佛就是一件件的艺术品，可以深深吸引所有人。这种吸引不仅来自视觉，因为它们的味道也同样是丰富多彩的——从传统的香草巧克力饼干，到改良过的紫罗兰口味饼干，或者是德国经典的 Springerle 饼干。

# 玛丽·安东瓦内特

　　玛丽·安东瓦内特是法国 18 世纪时的一位女王，象征着法国贵族的高贵华丽。现在她的形象将被用于此款饼干中。

　　这款饼干较大，绝对是赠送的佳品，并且它的赠送对象不会有年龄限制，因为不仅是小女孩们喜欢它，那些怀旧的人们也很喜欢它。

# 配方

**配料**

4 个玛丽·安东瓦内特造型饼干（见 218 页）

皇家蛋白霜（见 210 页）

肤色、蓝色和粉色面粉

粉色可塑性面团（见 205 页）

银色食用珍珠糖豆

珍珠白色食用色素

粉色食用色素

亮蓝色食用色素

黑色可食用标记笔

棕色可食用标记笔

红色可食用标记笔

食用胶

**材料**

玛丽·安东瓦内特模具

裱花袋

裱花嘴接头

3 号裱花嘴

1 号裱花嘴

塑料挤压瓶

细嘴塑料挤压瓶

刷子

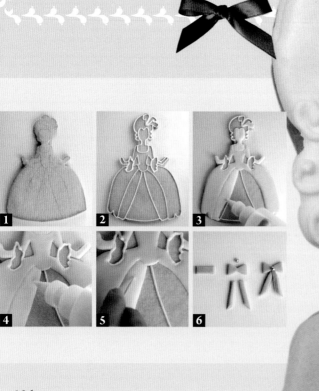

# 步骤

1. 如图所示，用标记笔在饼干上画出图案的大致轮廓，或者用大头针做出适量的标记，这样在使用皇家蛋白霜时就会方便许多。

2. 用接有 3 号裱花嘴的裱花袋，装上天蓝色皇家蛋白霜，完成服装轮廓的制作，头发上的羽毛装饰也用天蓝色蛋白霜制作。然后用皮肤色的蛋白霜制作手部、面部和领口部分。随后用白色蛋白霜画出袖口和头发部分。使用亮蓝色的蛋白霜做出头发上的第二个羽毛装饰和裙子内侧的两条边。最后，用亮粉色的蛋白霜把裙子的中间部分做好，并且做出头发上的第三个羽毛装饰。

3. 制作皮肤色的液态蛋白霜（见 212 页），装入挤压瓶中，涂在脸部、手部和领口的部分。用另一个装有天蓝色液态蛋白霜的挤压瓶完成服装和羽毛头饰的制作。准备两个装有亮蓝色蛋白霜的挤压瓶和一个装有粉色液体蛋白霜的细嘴挤压瓶。然后把裙子的开口部分和亮蓝色羽毛装饰做好。

4. 随后，用装入粉色液态蛋白霜的细嘴挤压瓶在刚刚做好的亮蓝色蛋白霜上制作一些小的图案。应该迅速制作这些东西，因为如果蓝色蛋白霜开始变干的话，粉色的图案就不能很好地与之结合。

5. 用小棒在粉色的蛋白霜上做一些印花图案。然后用亮粉色蛋白霜覆盖住裙子的中间部位和羽毛头饰，用白色的蛋白霜覆盖住羽毛和袖口部分。

放置 24 小时使其变干，然后用装有 1 号裱花嘴的奶油嘴把蛋白霜做出图案中的袖口、领口的白色花边和其下方的 3 个小心形装饰（见 215 页）。袖口部分用波浪形的线条，并用一些小的点点进行装饰。把银色糖豆做成项链和手链的形状（见 215 页），并且在裙子的天蓝色和亮蓝色之间也用白色蛋白霜做出一些线条。

用同样的方法把天蓝色的蛋白霜画在腰带和羽毛头饰的位置，并且用亮蓝色的蛋白霜画出裙子的两条中间线和对应的羽毛头饰。

使用同样的方法做出粉色的羽毛头饰。

按照图中的样子，用标记笔画出眼睛、睫毛和脸颊上的痣，用棕色的标记笔画出眉毛，用红色的画出嘴唇。在结束了面部的制作之后，在脸颊的位置刷上一些粉色的食用色素。用同样的方法在眼皮的位置也画上蓝色。并且在项链和手链上涂上一些珍珠色的色素，最好溶解一些伏特加在其中。

6. 为了完成饼干的制作，需要 8 个粉色糖条：头饰 1 个、袖口 2 个、腰带 1 个、裙子 4 个。首先在表面涂有黄油的面板上用擀面杖把可塑性面团做成 1 毫米厚、0.5 厘米长和 0.5 厘米宽。随后用剪刀剪出图中所示的形状。然后做出 2 厘米长度的蝴蝶结形状。最后，在条带和蝴蝶结的连接处用食用胶粘上银色糖豆。把做好的装饰品粘在图中对应的位置即可。

# 巧克力
# 曲奇 蛋糕

　　巧克力是最受欢迎的甜品之一，它和美味饼干的结合会给人留下深刻印象。曲奇蛋糕是下午茶、生日聚会或者赠送宾客的最佳选择。当然，如果曲奇蛋糕是装在精美的礼盒里就更加完美了。

# 步骤

| 配料（制作 3 个曲奇蛋糕） | 工具 |
|---|---|
| 做巧克力饼干的面团 | 9 厘米、6 厘米、3 厘米和 2 厘米直径的 |
| （见 208 页） | 圆形模具 |
| 皇家蛋白霜 | 裱花袋 |
| （见 210 页） | 裱花嘴塑料接头 |
| 可塑性杏仁糖膏（约 50 克） | 3 号圆形裱花嘴 |
| （见 203 页） | 塑料挤压瓶 |
| 粉色和红色食用色素 | 食用胶 |

**1.** 制作巧克力饼干面团。

把巧克力面团用擀面杖擀平，用 9 厘米直径的圆形模具剪切出 3 块，再用 6 厘米和 3 厘米的模具分别剪切出 3 块，用于制作饼干蛋糕。还有一块单独的饼干蛋糕要用 2 厘米直径的圆形模具制作。

**2.** 当饼干烘焙好后，用皇家蛋白霜把直径 9 厘米的饼干粘贴起来。

**3.** 把奶油嘴和 3 号裱花嘴连接起来，将亮粉色蛋白霜画出波浪形的轮廓。

**4.** 制作亮粉色的液态蛋白霜( 见 212 页 )，装入挤压瓶中，按照上一步中画好的轮廓，把液态蛋白霜填满这些轮廓，并且保持出这种液体流下的样子。让它变干 24 小时。

**5.** 用同样的方法制作 6 厘米、3 厘米和 2 厘米的饼干蛋糕。

**6.** 把 6 厘米的饼干蛋糕放在 9 厘米的饼干上，然后把 3 厘米的放在 6 厘米的饼干蛋糕上。

**7.** 最后一步，用红色色素染色可塑性杏仁糖膏，并且做成红色的小球。用一根小木棍在上面扎出一个小洞，做成樱桃的样子，用食用胶按照图中的样子粘贴在对应的位置上。

# 黑白配

配有黑白相间的花，拥有婚礼蛋糕的形状，这种曲奇是现代婚礼上最完美的甜品。装饰所用的领结会使它有一种非常时尚和优美的感觉。

这款优雅的饼干还可以作为喝咖啡时的点心。同样，如果它在婚礼中出现的话，其黑白相间的造型将会成为婚礼中奇妙的搭配。

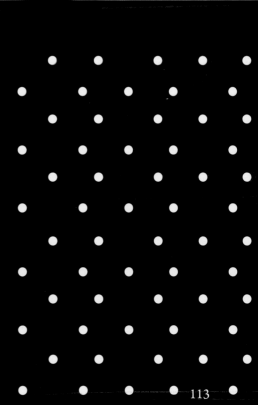

# 配方

**配料**

用香草饼干面粉制作的 6 块婚礼蛋糕形状的
饼干和 6 块花形饼干（见 208 页）

黄金蛋白霜

（见 210 页）

黑色食用色素

黑色可塑性面团

（见 205 页）

**工具**

婚礼大蛋糕模具和花形模具

裱花袋

裱花嘴塑料接头

3 号圆形裱花嘴

1 号圆形裱花嘴

挤压瓶

# 黑白配

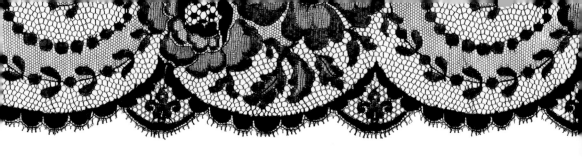

# 步骤

**1.** 在涂有黄油的面板上，用擀面杖把黑色可塑性面团擀成 1 毫米的厚度。然后剪出 2 个 5 厘米长、1.5 厘米宽的长条，折叠成图中所示的样子。

**2.** 在长条的中间部分捏一下，捏成凹陷的痕迹。随后剪出 2 个 4 厘米长、1.5 厘米宽的长条，并且在一个边上剪出燕尾形。再剪出一个 2 厘米长、0.5 厘米宽的小条。

**3.** 如图所示，把较短的长条环绕在第一步做的领结的中间位置，并且用食用胶粘贴好，接着把两个较长的长条也黏贴在领结对应的位置上。

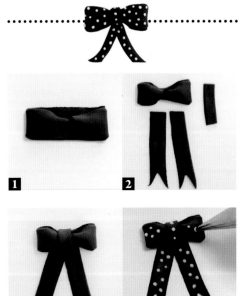

**4.** 用装有 1 号裱花嘴的奶油嘴把蛋白霜点缀到领结上。

**5.** 这一步把蛋白霜涂在饼干上，用装有 3 号裱花嘴的裱花袋把白色蛋白霜涂在婚礼蛋糕形状的饼干上部，随后用同样的工具把黑色蛋白霜涂在托盘位置。可以提前用标记画好，以便在涂蛋白霜的时候可以更加方便准确。

**6.** 制作白色液态蛋白霜（见 212 页），装入挤压瓶中，涂在婚礼蛋糕的对应位置。

**7.** 制作黑色液态蛋白霜，装入挤压瓶中，涂在托盘的对应位置。

**8.** 使其晾干 24 小时，用一号裱花嘴在每层蛋糕的接触位置做出一些水滴状装饰（见 215 页）。

**9.** 把领结粘贴在饼干的对应位置。

**10.** 用装有 3 号裱花嘴的裱花袋装满液态蛋白霜，然后涂满花形饼干的全部表面。当其晾干后，垂直使用挤压瓶，把黑色液态蛋白霜涂抹在饼干中央，轻轻按压使其成形。一旦中间的黑色部分变干，用装有 1 号裱花嘴的裱花袋在黑色部分点缀上白色斑点。

# 蝴蝶

　　蝴蝶曲奇把花园里的浪漫带上了餐桌，蓝色的基调和粉色的玫瑰花使它更富有生机。

　　制作涂有皇家蛋白霜的印花饼干是非常容易的，仅仅需要一些耐心而已，你还可以完成一些丰富多彩的美妙设计和各种各样的印花图案。

# 步 骤

**配料**

6 块蝴蝶形状饼干和 6 块花形饼干，
香草味最佳（见 208 页）

皇家蛋白霜 2 份（见 210 页）

亮蓝色食用色素

粉色食用色素

亮粉色和暗粉色的可塑性面团（见
205 页）

**工具**

蝴蝶形和花形模具

裱花袋

裱花嘴塑料接头

3 号裱花嘴

细嘴挤压瓶

擀面杖

齿状剪刀

剪刀

**1.** 首先用可塑性面团制作小玫瑰花，要在一个涂有黄油的面板上用擀面杖把粉色可塑性面团擀成 1 毫米的厚度。然后，用锯齿剪刀剪成一个 5 厘米长，1 厘米宽的长条。

**2.** 制作玫瑰花的中间部分，要把剪好的长条卷起来，但是不要太用力；花朵的中间部位要有一些空隙为好。

**3.** 卷好后，把上面的锯齿稍稍外翻，要用手指轻轻地使其卷曲，做成花瓣的样子。

**4.** 然后，用锯齿剪刀把亮粉色的面团剪成 5 厘米长、1 厘米宽的长条，并把上一步做好的部位卷在中间。

**5.** 重复第 3 步的动作，把锯齿外翻成花瓣的形状。

**6.** 最后，把玫瑰花下面多余的部分剪掉。

**7.** 为了给蝴蝶饼干挂糖衣（见 213 页），要用 3 号裱花嘴把蛋白霜涂在对应的位置，画出轮廓。

**8.** 制作一些蓝色、亮蓝色、粉色、暗粉色和亮粉色的液态蛋白霜，并准备细嘴挤压瓶备用。

**9.** 把蓝色的液态蛋白霜涂满饼干的边缘位置，接着把剩余的地方用亮蓝色的蛋白霜涂满。用亮粉色、暗粉色和粉色的液态蛋白霜做出点状花纹，并组成小花的形状。最后，把之前做好的玫瑰花放在蝴蝶的中间位置（见 213 页）。

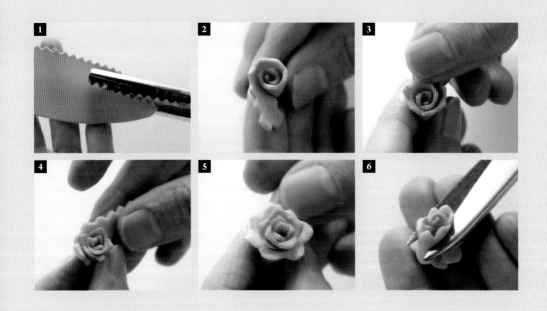

### 小贴士

如果要制作蛋白霜印花，需要使用细口的挤压瓶或者把液态蛋白霜装入接有 1 号裱花嘴的裱花袋中。

需要提前准备好各种颜色的蛋白霜，并且在制作时也需要加快速度，以使它们可以更加紧密地结合在一起。

# 圣诞节
# 小饼干

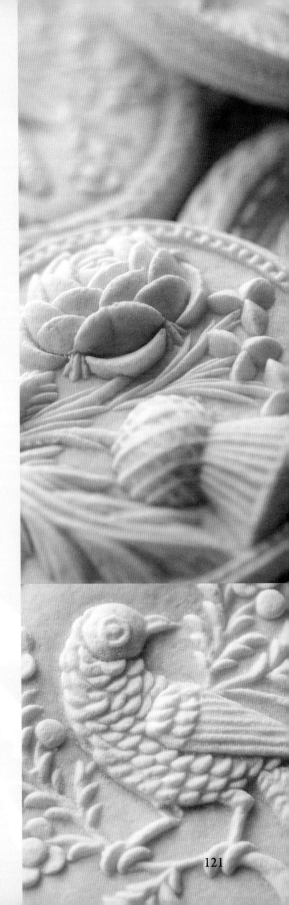

Springerle 是德国传统的饼干，通常是在圣诞节时享用。这种饼干是白色的，有茴香的味道，而且在表面有着各式各样的图案。

Springerle 饼干的模具是非常珍贵的，就像是传家宝一样代代相传。但更珍贵的是它古老的配方。

多亏了我的好朋友艾丽卡，我从 10 年之前开始制作 Springerle 饼干，她不仅送给我一些德国家庭用的传统模具，而且还跟我分享她家里的古老配方。Springerle 饼干是圣诞节时非常经典的高级时尚小吃。

# 圣诞节小饼干

## 配方

**工具**

Springerle 饼干模具

擀面杖

小刀

**配料**（大约可以制作 30 个饼干）

鸡蛋 3 个（常温）

白砂糖 375 克

黄油 60 克

（常温）

盐 1/4 勺

酵母粉 1/2 勺 *

面粉 500 克

茴香精油 1/2 勺

（＊）原始的配方中含有 hirschhornsalz（嗅粉）或 hartshorn（小苏打），这是 17 世纪时用来发酵的材料，这也是我们现在使用的酵母粉的替代品。事实上，它很少用在糕点制作中，但却是比较容易买到的。我喜欢在制作 Springerle 饼干时加入小苏打，因为这样可以做出更加精致的图案。当然也可以用酵母粉来替换：半勺小苏打等于 1 勺酵母粉。在使用小苏打时应该将 2 克的小苏打放入勺子中，等待 1 小时 30 分钟，然后加入到搅拌好的鸡蛋中。

# 准备工作

用电动搅拌器用最快的速度搅拌鸡蛋15分钟（如果是手动的需要搅拌20~25分钟），直到鸡蛋呈现出比较浅的颜色和比较稀的质地。只有这样，饼干才能做出白色的颜色。

将白砂糖和黄油倒入搅拌器中，并一直搅拌成奶油状，然后加入盐和茴香油。

把酵母粉加入面粉中，充分混合。随后将电动搅拌器调到最小的速度，以刮刀搅拌面粉，或者直接手动和制。当面团做好后，加一些面粉揉好面团，使之不黏手。加入的面粉量取决于鸡蛋的量和空气的湿润程度。

在撒有面粉的面板上，用擀面杖把面团擀平，然后用刷子在模具和面团上涂上一些面粉。用模具制作出大小适合的面团，并用剪刀稍稍修缮。

把饼干装入烘焙的托盘中，并且晾9~24个小时。

用150度的温度烘焙10分钟，时间取决于饼干的体积：不能烤得太酥，因为这样会丢失掉其白色。

将它们放在密封塑料袋中保存，或者保存在罐子中，可以长久地保持饼干的口味。

模具

# 卷毛狗

　　这个饼干的形状是一只可爱的卷毛狗和它的小房子，这款饼干可以作为小女孩的生日宴会或主题派对的装饰，其风格可以让到场的所有人都露出微笑。

# 配方

**配料**

香草味的卷毛狗饼干 10 块，小房子饼干 10 块（见 208 页）

皇家蛋白霜 2 份（见 210 页）

粉色食用色素

黑色食用色素

白色水晶糖

普通白糖

粉色半透明糖块

可食用黑色标记笔

# 步骤

**1.** 用接有 3 号裱花嘴的裱花袋，按照卷毛狗饼干上的轮廓将蛋白霜抹在饼干上。一些用粉色的，其余的做成白色的。

**2.** 制作粉色和白色的液态蛋白霜（见 212 页），装入挤压瓶中，在饼干上均匀涂抹。其中一些做成粉色的，一些做成白色的。随后晾干 24 小时。

**3.** 一旦晾干后，就用接有 3 号裱花嘴的裱花袋，将对应颜色的蛋白霜做成小狗的腿部、尾部和头部的卷毛，切记要做出耳朵上的卷毛。

**工具**

卷毛狗和小房子模具

门形模具

裱花袋

裱花嘴塑料接头

3 号圆形裱花嘴

2 号圆形裱花嘴

塑料挤压瓶

细嘴挤压瓶

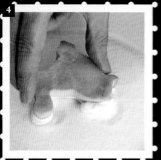

**4.** 将饼干放在一个撒满白糖的盘子中，让砂糖覆盖住饼干表面。

**5.** 将紫红色的干佩斯剪出一个 3 厘米长的条状，系成图中的样子。然后把它贴在卷毛狗的耳朵部位。

**6.** 最后，用黑色的蛋白霜点出卷毛狗的鼻子，再用可食用的黑色标记笔画出卷毛狗的眼睛。

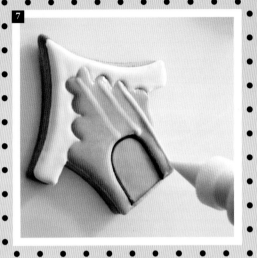 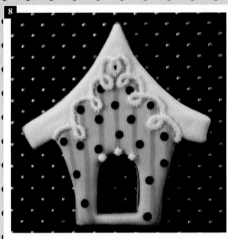

**7.** 开始制作小狗的小房子。用小房子形的模具做出一个小房子，然后用门形模具把门的部分去掉。开口的部分要用糖果覆盖住（见 161 页）。用 180 度的温度烘焙饼干 10 分钟。从烤箱中取出后，要晾干 3~4 个小时。

如果不想用糖做小房子的门，则用粉色蛋白霜涂在门的轮廓部位。随后用接有 3 号裱花嘴的裱花袋挤制，完成整个房子的轮廓。房顶的部位用白色，其他的地方用粉色。

将白色的液态蛋白霜装入挤压瓶中，涂在房顶的部分；然后用粉色的蛋白霜涂在房子的其他部分。用装有粉色蛋白霜的细嘴挤压瓶（一些房子可以做成亮粉色，另一些则做成暗粉色）按照图中的样子画出几条线。最后，用装有黑色液态蛋白霜的细嘴挤压瓶在房子上点出一些小点。晾干 24 小时。

**8.** 用接有 2 号裱花嘴的裱花袋画出房顶上的波浪线条，在门的上面也点出三个小点。最后将这块饼干也放在撒满砂糖的盘子中，使之蘸满砂糖。

**小贴士**

当完成蛋白霜印花制作的时候，一般会用那种一种颜色包含着另一种颜色的技巧。最好是提前做好多种颜色的液态蛋白霜，并且在制作的时候动作快，以使它们可以贴合得更紧密。

下午茶不仅仅是一种传统仪式，而且已经变成了一种优雅高贵的选择，以庆祝一切特别的时刻。

# 下午茶

一次成功的聚会总是要挑选最漂亮的桌布、花瓶、花朵和最美味的甜品。因此，我推荐这款饼干，它不仅是美味的咖啡伴侣，还可以作为礼物馈赠宾客。

# 配方

**配料**

婚礼蛋糕形状和茶壶茶杯形状的香草味饼干，各 8 块

香草味最佳（见 208 页）

蛋白霜 2 份（见 210 页）

绿松石色食用色素

白色可塑性面团（见 205 页）

珍珠白色色素

金色色素

白色珍珠糖

黄油

**工具**

婚礼蛋糕，茶壶茶杯模具

小型 6 瓣和 8 瓣花形模具

塑料托盘

小擀面杖

塑料面板

裱花袋

裱花嘴塑料接头

1 号圆形裱花嘴

3 号圆形裱花嘴

4 号圆形裱花嘴

塑料挤压瓶

**1.** 制作装饰蛋糕和茶壶的小花（见 206 页），要在一个涂有黄油的表面用擀面杖将白色形可塑性干佩斯擀成 1 毫米厚。用 5 瓣花形模具剪切出 7 朵小花，用 8 瓣花形模具剪切出 6 朵小花。将小花朵放在塑料面板上，用小擀面杖按压其中部使之弯曲。随后放在塑料托盘中晾干。用小刷子在花朵中间刷上一些食用胶，然后将白色珍珠糖豆粘在上面。

**2.** 将绿松石色的蛋白霜装入接有 3 号裱花嘴的裱花袋中，画出大蛋糕的轮廓，然后用白色蛋白霜画出托盘的轮廓。可以提前用食用标记笔画好轮廓。

茶壶和茶杯都是一样，用蛋白霜完成茶壶的轮廓制作，一个用绿松石色，另一个用白色。用 4 号裱花嘴完成茶杯的把手制作，绿色茶杯用白色把手，白色茶杯用黄色把手即可。

**3.** 将亮绿色的液态蛋白霜（见 212 页），装入挤压瓶，涂在蛋糕的对应部位。也以此方式完成茶壶和茶杯的装饰。

**4.** 制作白色液态蛋白霜，装入挤压瓶，涂在蛋糕托盘的对应位置，还需涂画白色茶壶和白色茶杯的内部。

**5.** 使其晾干 24 小时，然后用接有 1 号裱花嘴的在蛋糕形状的饼干的整体部分按照图中的样子点出 4 个小点（见 215 页）。

**6.** 融化一些黄油，用小刷子刷在婚礼蛋糕的托盘部位，然后用大刷子蘸一些白色珍珠粉刷在黄油上，这样可以让它显得有光泽。

**7.** 然后将小花贴在饼干表面。

**8.** 为了装饰白色茶壶，可如图所示在茶壶的对应位置点上白色蛋白霜（见 210 页）。在茶壶盖子和壶嘴位置粘上一排白色糖豆，同样茶壶把手的位置也粘上一排白色糖豆，并且在茶壶中部粘上小花。

**9.** 将蛋白霜装入裱花袋，在茶杯的底部、中部和顶部画出几条细线。

**10.** 要制作白色的茶杯，就将白色蛋白霜装入接有 1 号裱花嘴的裱花袋中，在托盘的位置画出一条线，同样在杯子的上部画上两条。在托盘上放上一些白色珍珠糖豆，并且在中部粘上白色的花朵。用刷子在茶杯把手的部分刷上一些白酒，比如伏特加或杜松子酒。

**11.** 最后要制作绿松石色茶壶，沿着茶壶底部画出一条线。同样在茶壶嘴的部位画上一条线，并在茶壶盖的位置画出两条平行线。在茶壶盖上放一些白色糖豆，在把手的部分也放上一些白色糖豆，再在茶壶的中间位置粘贴上一圈白色糖豆即可。

### 小贴士

应该在饼干上少使用糖豆，因为它们太硬了；另一种方法是用谷物的颗粒或者蛋白霜制作。

# 花园中的小树苗

在花园或者郊外野餐一直很受欢迎，这款美味的饼干有春天生机勃发的树苗的形状，其外形同样非常可爱。

# 步骤

### 配料

6 块橙子口味小树形状饼干（见 208 页）

皇家蛋白霜 2 份（见 210 页）

粉色食用色素

绿色食用色素

蛋黄色食用色素

糖

白色可塑性面团（见 205 页）

黄色食用色素粉

### 工具

波浪圆形模具

花盆模具（见 219 页）

裱花袋

裱花嘴塑料接头

3 号圆形裱花嘴

塑料挤压瓶

细嘴塑料挤压瓶

竹签

小木棍

5 瓣花形模具

### 小贴士

在制作饼干上的印花之前，请先阅读第 213 页的说明。让印花变得完美的秘诀就是使用细嘴挤压瓶或者用 1 号裱花嘴挤制液态蛋白霜，并在涂抹的同时轻轻用力，使之变得均匀。

**1.** 制作树形饼干。先把面团擀薄，用刀子剪裁出花盆的形状，然后用波浪圆形模具剪切出树的上部。把上部树的和底部的花盆用竹签连接起来，稍稍用力使之连接牢固。

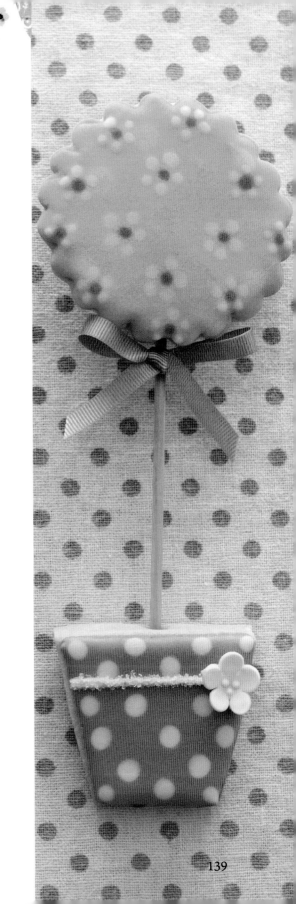

**2.** 上下部分都用竹签插到中间的位置，要确保在饼干烤好后也不至于松动。

**3.** 用白色和粉色的蛋白霜分别画出对应的花盆的轮廓。

**4.** 将白色和粉色液态的蛋白霜装入细嘴挤压瓶。将白色的蛋白霜涂满一个花盆的表面，并且在其表面点上一些粉色小圆点（见213页）。另一些花盆则用粉色做底色，点上白色小圆点。

**5.** 用绿色的蛋白霜画出小树上部的轮廓。

**6.** 然后将绿色和亮绿色液态蛋白霜分别装入挤压瓶，加入几滴蛋黄色食用色素，以使绿色显得更加温暖。

**7.** 首先用绿色液态蛋白霜涂满小树上部。然后用粉色和白色液态蛋白霜做出图中的小花纹。在花纹的空隙处做出一些树叶状的花纹，使之晾干24小时。然后用接有3号裱花嘴的奶油嘴在花盆上画出一条长线。在花盆上粘上一朵小花，并在小棍上系上丝带。

**8.** 花盆上白色小花的制作说明请见206页。

# 小鸟饼干

　　这种五颜六色的小鸟形状饼干非常美味，宾客一定会非常喜欢。颜色和印花是这款饼干的关键，将其放在桌子上一定会给众人留下深刻印象。

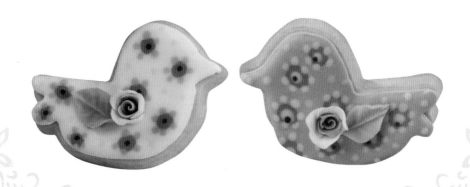

# 步骤

**配料**

6 块柠檬味小鸟形饼干

（见 208 页）

皇家蛋白霜 2 份（210 页）

白色食用色素

粉色食用色素

灰粉色食用色素

绿色食用色素

黄色食用色素

淡紫色食用色素

50 克杏仁糖膏（见 203 页）

**工具**

小鸟形模具

裱花袋

裱花嘴塑料接头

3 号圆形裱花嘴

塑料挤压瓶

细嘴塑料挤压瓶

竹签

小叶和玫瑰花瓣形模具

塑料印花板

小擀面杖

剪刀

食用胶

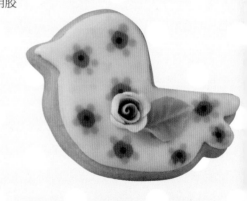

1. 擀好面团，用小鸟形模具剪裁出6块饼干。随后在小鸟饼干的下方插入竹签，一直插至饼干的中部位置，确保在饼干烤好后也不会脱落。

2. 准备好白色、亮绿色、暗绿色、亮粉色、暗粉色、黄色、紫红色和灰粉色的蛋白霜。分别用粉色、黄色、亮绿色、暗绿色和灰粉色的蛋白霜画好小鸟的轮廓。

3. 为了给饼干上印花（见213页），需要准备好白色、亮绿色、暗绿色、亮粉色、暗粉色、黄色、紫红色和灰粉色的液态蛋白霜，并装入到对应的挤压瓶中。首先把饼干外面涂满绿色，然后用暗粉色的蛋白霜画出一些点缀，然后在它的中部画出白色和紫红色的内衬。然后在大斑点的外部画出绿色的小斑点，使之看起来像一朵花。最后用白色的蛋白霜在花朵和花朵中间做些点缀。

用同样的方法做出其他颜色的小鸟。

4. 制作装饰在小鸟中间的叶子和玫瑰花。要染色3个直径5厘米的杏仁膏，分别用白色、粉色和绿色的食用色素。

5. 用擀面杖把粉色杏仁膏擀成2毫米的厚度。用花瓣形模具剪切出2个花瓣制作玫瑰花的中部。把第一个花瓣做成螺旋状，把第二个粘贴在第一个外围，共同做成玫瑰花的中部。擀平白色的杏仁膏，剪切出2个花瓣，按照同样的方法制作出玫瑰花。最后用剪刀减掉多余的部分（见207页）。将绿色杏仁膏擀成2毫米厚，制作出每个小鸟饼干

的叶子，可以用图案板压出叶子的表面花纹。

6. 在玫瑰花和叶子的底部涂上一些食用胶，将它们粘在小鸟的中间位置。最后在竹签上系上一根丝带即可。

## 小贴士

如果想把小鸟饼干立在花盆中，就在装满糖的花盆中滴上一些水，稍稍按压使之牢固。等待几个小时，竹签便可牢牢插在花盆中。最后将五颜六色的糖撒在花盆表层即可。

# 复活节蛋

这款复活节蛋模样的甜点在复活节庆典中
可谓是经典之作。为了给节日增添一种怀旧
气息，我在设计中采用了复古风。从
设计中可看到由蛋白酥点缀的
花纹和花边，还有用可
食用颜料在糖纸上绘制
的花朵。

# 配方

## 配料

10 片由香草饼干面团制作而成的复活节蛋饼干 ( 见 208 页 )

皇家蛋白霜 ( 见 210 页 )

粉色糊状可食用染色剂

米色糊状可食用染色剂

1 张用可食用颜料印花的 A4 糖纸

可食用胶

## 工具

复活节蛋形状的模具或椭圆模具

裱花袋

适配裱花嘴的塑料接头

光滑的 3 号圆口裱花嘴

光滑的 2 号圆口裱花嘴

挤压瓶

剪刀

**1.** 在复活节蛋形状的饼干上涂抹蛋白霜，用裱花袋配 3 号裱花嘴给一半的饼干涂满淡粉色皇家蛋白霜。然后用裱花袋配 3 号裱花嘴给另一半饼干涂满米色皇家蛋白霜。

**2.** 制作粉色和米色的液态蛋白霜。将其倒入挤压瓶中，然后填充到饼干内。放置 24 小时，待其晾干。

**3.** 蛋白霜晾干后，在印花糖纸上剪出 10 个心形，蘸取少量可食用胶将图案贴在复活蛋饼干上。

**4.** 裱花袋中装入用于绘画的白色蛋白霜，搭配 2 号裱花嘴，在图案边界绘制花边。

**5.** 用裱花袋在五个饼干四周绘制四瓣的小花朵，花朵之间再点缀上小圆圈。用同一个裱花袋在另五个饼干上绘制不规则线条，线条之间交汇连接形成一张网，然后在每个线条结点上点一滴蛋白霜。

### 小贴士

要用装有可食用颜料的打印机在糖纸上打印出图案，也可以将自己喜欢的设计或照片发给网上的甜品材料商店，定做相关的印花糖纸。

# 拼贴画

我在创作中使用拼贴画已经有几年了。其中一种方式就是用可食用颜料打印机在糖纸上绘制各种图形设计，它们可应用在蛋糕、杯装蛋糕和饼干上。在这里，我展示的 3D 小熊蛋糕对于孩子们来说就是一个完美的礼物。在孩子的洗礼宴上或是第一个生日时送出都是极好的。

# 配 方

| 配料 | 工具 |
|---|---|
| 4 个香草饼干面团制作的小熊饼干 ( 见 208 页 ) | 3D 熊的模具 |
| 皇家蛋白霜 ( 见 210 页 ) | 迷你心形模具或心形亮片 |
| 天蓝色糊状可食用染色剂 | 裱花袋 |
| 淡粉色翻糖 | 适配的裱花嘴塑料接头 |
| 深粉色翻糖或心形粉色亮片 | 平滑的 1 号圆口裱花嘴 |
| 棕色翻糖 | 挤压瓶、剪刀 |
| 1 张用可食用颜料打印出不同图案的糖纸 | 锯齿剪刀 |
| 可食用胶 | 心形打孔器 |
| | 笔刷 |
| | U 形模型工具 |
| | 波状花边雕刻工具 |

**1.** 给饼干涂抹蛋白霜，用裱花袋配 3 号裱花嘴在饼干上涂满天蓝色皇家蛋白霜 ( 见 213 页 )。

**2.** 制作天蓝色液态蛋白霜，将其倒入挤压瓶中，然后填充饼干。等 24 小时，待其晾干。

**3.** 蛋白霜晾干后，用心形打孔器在印有提花格子的糖纸上剪刻出一个心形图案，用锯齿剪刀剪出 9 片印花不同的图案。然后用普通剪刀在印了提花格子和圆点的糖纸上剪出两个小椭圆形，当作小熊的耳朵。

**4.** 蘸取少量可食用胶涂抹在可食用糖纸做的图案上，如图所示将它们贴在饼干上。

**5.** 制作小熊的嘴巴，用淡粉色翻糖制作一个直径为 3 厘米的小球，然后将它压成圆柱体。

**6.** 稍微将圆柱体压扁一些，然后向上轻轻提拉圆柱体两头，如图所示形成小熊的嘴巴。接下来，用 U 形模型工具在嘴巴上刻出一道微笑。

**7.** 用波状花边雕刻工具从小熊微笑的嘴中间向上刻出一道虚线，如照片所示。

**8.** 在小熊脑袋下端粘上做好的嘴巴。拉伸深粉色翻糖，用心形模具切出一个心形作为鼻子，也可直接使用心形亮片，用少许可食用胶将其粘贴在嘴巴上边。

用棕色翻糖制作两个大小相同的小球，粘在饼干上做眼睛。用淡粉色翻糖制作两个 2 厘米直径的球，然后压扁它们。用笔刷的细头在淡粉色圆片上点四个小洞，使其呈纽扣状，然后粘在小熊的手臂上。

在裱花袋中装入用于绘画的白色蛋白霜，搭配 1 号裱花嘴，沿着小熊的中心轴、心形图案边界和小熊耳朵边界画虚线，然后画纽扣对角孔的连线。最后，用一滴蛋白霜将小熊的四肢粘在其身体上。

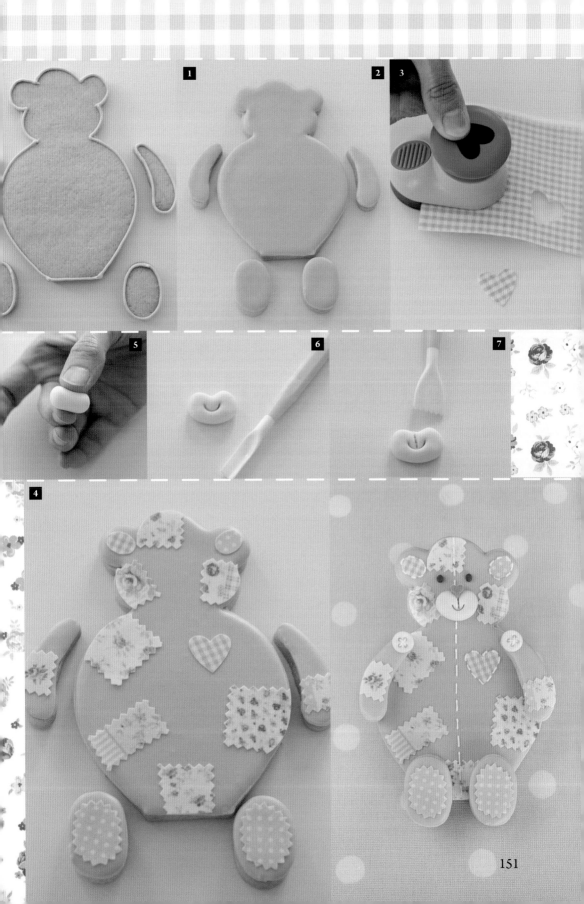

# 紫罗兰、薰衣草和玫瑰

我热爱普罗旺斯，它美妙的薰衣草、紫罗兰与玫瑰花田的芳香总是让我心驰神往。有关香水和这一法国小镇的美学灵感，指引着我设计出了一系列甜品，我希望在创造中重现花田的自然和魅力。而这一配方也是在 Cakes Haute Couture 最受欢迎的配方之一。在制作过程中使用模具技术可使甜品看起来精巧高端，而且实际花费的工夫要比想象的少很多。

# 配 方

**配料**

20 个由紫罗兰、薰衣草和玫瑰味面团制作的饼干（见 209 页）

微硬的皇家蛋白霜（见 211 页）

粉色糊状可食用染色剂

紫色和丁香色糊状可食用染色剂

白砂糖

**工具**

直径约 6 厘米的圆形刻具

小花刻具：勿忘我、马鞭草和矮牵牛花

蜡纸模板

裱花袋

适配裱花嘴的塑料接头

平滑的 3 号圆口挤花嘴

刮刀

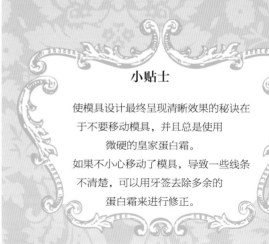

### 小贴士

使模具设计最终呈现清晰效果的秘诀在
于不要移动模具,并且总是使用
微硬的皇家蛋白霜。
如果不小心移动了模具,导致一些线条
不清楚,可以用牙签去除多余的
蛋白霜来进行修正。

# 步 骤

**1.** 准备口味和色调不同的玫瑰、紫罗兰
和薰衣草饼干。切刻出 10 个圆形玫瑰饼干、
10 个薰衣草和紫罗兰饼干、20 个花朵形玫瑰
饼干和 20 个花朵形紫罗兰和薰衣草饼干。圆
形饼干和花朵形饼干要放入不同的托盘进行
烘烤,因为不同形状的饼干的烘焙时间不同,
小饼干烘焙用时更短。

**2.** 根据 211 页指导,制作微硬的皇家蛋
白霜。

将模具放在饼干上,用手紧紧地将其贴
在表面。切记,任何时候都不要移动模具,
否则图案会模糊不清。用刮刀在饼干表面涂
抹少许蛋白霜,使其覆盖整个表面。

**3.** 用刮刀来回地在饼干表面涂抹蛋白霜
使其平滑,去除多余的蛋白霜。

**4.** 用两只手迅速小心地揭开模具,注意
手不要向两边移动,这样出来的图案会清晰
而干净。

**5.** 裱花袋内装入白色蛋白霜,搭配 3 号
裱花嘴,在花朵饼干中心绘制一个或多个点。
然后将饼干浸入白砂糖中,蘸取白砂糖并使
表面呈结霜状。待圆形饼干的蛋白霜图案晾
干后,用一滴蛋白霜将花朵饼干粘在圆形饼
干上。

# 圣诞节饼干

圣诞小屋子搭配小鸟的造型是 Cakes Haute Couture 最具代表性的设计之一。

蛋白霜上的玫瑰印花结合细腻的水晶糖果,不仅让饼干甜美可口,

还给人们带来眼前一亮的新奇感。

# 配方

## 配料

12 块由香草饼干面团制作的小鸟屋子形的饼干（见 208 页）

3 倍配方的皇家蛋白霜（见 210 页）

粉色、天蓝色、白色和绿色的糊状或胶状可食用染色剂

绿色和淡粉色半透明糖果

少量淡粉色、深粉色、淡蓝色、深蓝色和红色的用于塑形的面团

黑色可食用颜料画笔

可食用胶

## 工具

雕刻小鸟屋子的模具

雕刻小圆形的模具

裱花袋

适配裱花嘴的塑料接头

平滑的 3 号圆形裱花嘴

小叶子形的裱花嘴

细嘴挤压瓶

牙签

擀面杖

雕刻迷你玫瑰花瓣的模具

剪刀

笔刷

**1.** 制作小鸟屋子时，您需要用模具刻出所需的饼干数量，将它们用烘焙纸垫着放在托盘上，用圆形模具在其中心挖个洞。将糖果放入食品袋，用擀面杖擀压糖果直至其碎成小块儿。

**2.** 将小块儿的糖果填入小屋子的中心空洞中，要确保糖果不超过饼干表面，同时不留缝隙。180º C 温度下烘焙饼干 10 分钟。饼干烤好后，取出托盘晾 4 小时，直到糖果完全坚固。

**3.** 使用裱花袋搭配 3 号裱花嘴给饼干涂抹蛋白霜，一些饼干用淡蓝色蛋白霜，另一些用粉色蛋白霜。小屋的屋檐处用白色蛋白霜填色，营造积雪的效果，如图所示。制作淡蓝色、淡粉色、深粉色、白色和绿色的液态蛋白霜（见 212 页），将它们倒入细嘴挤压瓶中。给小屋子饼干填上背景色（本书举例的步骤中使用了淡粉色）。然后迅速用粉色挤压瓶在饼干上绘制 5 个交错的点，如图所示，这是绘制玫瑰印花的第一步。

**4.** 用深粉色挤压瓶在之前绘制的点之间画 5 道短线。这一系列动作要在蛋白霜晾干之前迅速完成，以使印花和背景蛋白霜融为一体。如果动作过慢，背景蛋白霜干燥后，图案会凝结在其表面，而不与之融合。

**5.** 用白色挤压瓶在每朵玫瑰的底部画四个点。用牙签将之前绘制的深粉色蛋白霜拉成一道曲线，包裹住每个粉色点，使其呈花瓣状。将中间的那道深粉色蛋白霜拉成螺旋状。

**6.** 用绿色挤压瓶在玫瑰花旁画几个点，然后用牙签将其拉成叶子状。用白色挤压瓶中的液态白色蛋白霜填充屋檐。静置 24 小时待其晾干。

**7.** 蛋白霜晾干后，制作糖果圆圈周围的叶子，这时需要使用微硬的皇家蛋白霜（见 211 页）。将微硬的蛋白霜染成绿色，装入裱花袋搭配使用小叶子形的裱花嘴。开始前，参考 214 页绘制叶子的介绍。

将裱花袋与饼干保持 45º 角，然后挤压，这样出来的叶子不会太纤细。裱花袋要保持静止一两秒，接着微松压力向前拉。

**8.** 制作小鸟，在刷了黄油的平面用擀面杖擀压淡粉色可塑性面团，擀压至厚度约为 3 毫米即可。用迷你花瓣模具刻印出所需花瓣。不再使用的花瓣要用塑料袋装起来，防止其变干。

**9.** 用手将花瓣细头那端向上拉提，使其形成小鸟的尾巴。然后轻轻地揉搓另一端，

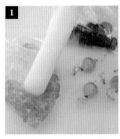

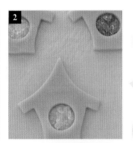

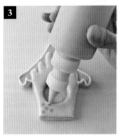

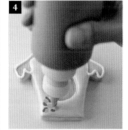

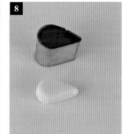

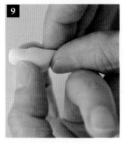

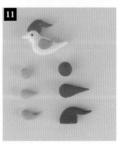

捏出小鸟的脖子和脑袋，如图所示。

10. 在小鸟脑袋中间捏出一个小尖儿当作嘴巴。

11. 制作小鸟翅膀时，用深粉色可塑性面团揉一个小球，用手将其一端捏细，然后使其微微向上弯曲。（同样可以使用淡蓝色和深蓝色可塑性面团制作小鸟）制作圣诞帽时，用红色可塑性面团揉出一个小球，将其一端捏细后微微压扁面团，用手捏使尖端向上弯曲，形成帽子状，再用剪刀剪去底部，如图所示。

12. 将翅膀和圣诞帽粘在小鸟身上。用可食用颜料笔给小鸟画上黑色的眼睛。在裱花袋中装入白色蛋白霜，用来绘制圣诞帽的白色帽檐和顶部小球。用一滴白色蛋白霜将小鸟粘在屋子上，然后继续使用该裱花袋在叶子窗户丛中点缀白色的小点，营造雪花的效果。

小屋子和小鸟可以搭配餐桌的装饰变换颜色。同时，您可以制作一些雪花形状的饼干，在雪花的每个角滴 3 滴白色蛋白霜，然后将其放入盛有白色糖豆的盘子中，让蛋白霜蘸上足够的糖豆，使其更像雪花。

# 时尚马卡龙

# 马卡龙

这些小点心以杏仁和蛋白酥为基调，外表酥脆而内心软嫩，夹着更加浓稠的美味奶油，堪称正宗的法式工艺。

我制作的马卡龙美味精致、色彩丰富，是别致优雅糕点的精髓，不枉我为它们穿上了时装。正如它的质地一般，这些装饰同样细腻精巧。

按照这些简练的指示，制作一定会成功的。

# 充满惊喜的
# 草莓马卡龙

草莓马卡龙堪称是味蕾的欢悦盛
典，结合了柔软的口感和一抹淡淡的
草莓酱，内部藏着一个新鲜的草莓，
给人眼前一亮的感觉

# 步骤

**配料**（可制作约 20 个两层马卡龙）

马卡龙（见 216 页）

红色糊状或胶状的食用色素

黄色糊状或胶状的使用色素

粉色糊状或胶状的使用色素

草莓酱（见 218 页）

10 个新鲜草莓

做模型的面团（约 50 克）（见 205 页）

皇家蛋白霜（见 210 页）

金色粉末状色素

粉色粉末状色素

少许白酒，如杜松子酒或伏特加

金色糖豆

可食用胶

## 工具

裱花袋

裱花嘴转接器

11 号和 6 号圆形裱花嘴

1 号圆形裱花嘴

擀面杖

刻玫瑰花萼的模具

细笔刷

**1.** 按照 216 页的方法制作马卡龙。大规格的马卡龙用裱花袋配 11 号圆形裱花嘴，小规格的用 6 号裱花嘴。裱花袋内填入草莓酱，在中间放入一块新鲜草莓。

**2.** 为了装饰马卡龙，将裱花嘴转换器和 1 号裱花嘴安在裱花袋上，加入染了淡黄色的皇家蛋白霜，并运用水滴状挤法（见 215 页）挤出如图所示的藤蔓花纹。

**3.** 等待约 20 分钟直到蛋白霜晾干。将金色粉末状色素撒入酒中（伏特加或杜松子酒），用细笔刷给刚画的藤蔓花纹上色。

**4.** 将用于做模型的面团染上淡粉色，拉伸面团至约 1 毫米厚薄。用刻小玫瑰花萼的模具剪出所需要的花。为了让花呈现盛放状态，将它们放入蛋盘，用细笔刷蘸染粉色的色粉给花的中心染色（见 206 页）。接着在花的中心点涂上很少量的可食用胶，将金色小糖豆粘在上面，再轻轻压一下糖豆防止它脱落。最后，用一滴蛋白霜将小马卡龙粘在大马卡龙上，然后仍用一滴蛋白霜在每个马卡龙上粘一朵花。

# 春日马卡龙

　　马卡龙琉璃的光彩、闲适的蝴蝶和用英式玫瑰花糖装点的佳肴，一定能唤起您如同在春日花园中的美好心情。一个春日的下午茶，一场浪漫的婚礼或是一次露天的清凉展览、哪个场合缺得了一组美味多彩的马卡龙呢？它们能让一切浓情四射。

# 配　方

**配料**（可制作约 50 个马卡龙）

马卡龙（见 216 页）

绿色、粉色和黄色的糊状或胶状的食用色素

覆盆子马卡龙馅（见 218 页）

香草马卡龙馅（见 218 页）

柠檬马卡龙馅（见 219 页）

开心果马卡龙馅（见 218 页）

粉色干佩斯

可食用胶

银色可食用金属粉

**工具**

裱花袋

11 号圆形裱花嘴

擀面杖

刻蝴蝶的模具

刻叶子的小模具

小木棍

剪刀

笔刷

# 步骤

**1.** 按照 216 页食谱制作马卡龙，稍后填充相应的奶油。

**2.** 为了制作装饰盘子的蝴蝶，在涂抹了黄油的面板上拉伸淡粉色的橡皮面团，拉至约 2 毫米厚。用笔刷给刻蝴蝶的模具抹层溶化的黄油。用厨房的吸油纸去除过量的黄油，然后将拉伸好的面团放到模具里。

**3.** 用手指按压面团以刻好形状，尤其是在边缘处要注意用力。如果没有用足够的力气按压，面团将不能很好地刻出形状来。

**4.** 从模具里取出面团，用剪刀剪出蝴蝶形状。

**5.** 在蝴蝶翅膀的边界处用笔刷涂上可食用胶。

**6.** 拿着粘了胶的蝴蝶，将其翅膀的边蘸一些可食用金属粉。

**7.** 如图所示取一张卡片纸折叠成三部分，将蝴蝶放入其中晾干后取出，最终得到它展开翅膀的模样。

**8.** 使用刻波状的花瓣模具，按照 207 页的步骤制作玫瑰花糖。

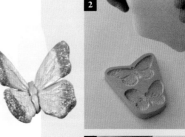

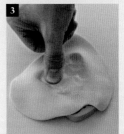

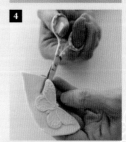

# 艺术马卡龙

我热爱马卡龙，为了打扮它们，我需要找到一种工艺，既能让马卡龙更加光彩照人，又不会改变它们美味的口感。我用天然食用色素亲手绘画，在保留了它们美妙质地和口味的同时，又将它们装扮得令人眼前一亮。

从几年前开始，在为 Cakes Haute Couture 顾客举办的最高雅的宴会中，我制作的马卡龙就已成为甜品里一道亮丽的风景线。毫无疑问，这些马卡龙也一定能在您的餐桌上大放光彩。您的艺术绘画能力将决定最终呈现的造型设计。

# 配方

配料（可制作约 50 个马卡龙）

马卡龙（见 216 页）

覆盆子马卡龙馅（见 218 页）

草莓和香槟马卡龙馅（见 218 页）

香草马卡龙馅（见 218 页）

咖啡马卡龙馅（见 219 页）

菠萝马卡龙馅（见 218 页）

酸橙马卡龙馅（见 219 页）

红色糊状或胶状食用色素用于染覆盆子马卡龙的皮

黄色糊状或胶状食用色素用于染菠萝马卡龙的皮

粉色糊状或胶状食用色素用于染草莓和香槟马卡龙的皮

棕色糊状或胶状食用色素用于染咖啡马卡龙的皮

绿色糊状或胶状食用色素用于染酸橙马卡龙的皮

白色液体或胶状的食用色素

粉色珍珠粉状色素

可可脂

工具

裱花袋、裱花嘴转接器

11 号圆形裱花嘴

6 号圆形挤花嘴

细笔刷

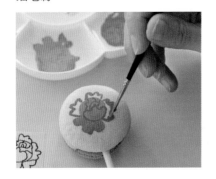

# 步骤

**1.** 按照 216 页的方法制作马卡龙。大规格马卡龙用 11 号裱花嘴、小规格的用 6 号裱花嘴，稍后向其中填入对应的每一种奶油馅。为了制作"马卡龙棒棒糖"，在马卡龙中间涂上馅料，然后向馅料中插一根塑料小棍，到马卡龙一半的位置即可，然后将另一片马卡龙盖在上面。

**2.** 为了在马卡龙上面画玫瑰花，将粉色和白色的色素混合，并向其中加入少许融化的可可脂（这是为了让做出的花纹迅速晾干，碰到后不会被弄花。如果没有可可脂，食用色素需要很长时间才能晾干。）。开始之前需要调出两种粉色调，一种淡一些，一种深一些。先在马卡龙中心画一个粉色的圆圈，接着用深一点的粉色在圆圈内描出花瓣的边儿，可参考 206 页画玫瑰花的方法。然后用细笔刷蘸取深粉色画出花外部的花瓣，并用淡粉色填满。花朵画好后，在花瓣某些地方蘸染少许白色的色素，给花朵增添流溢的光泽。为了画叶子，混合绿色干色素和白色色素，加入融化的可可脂，调出一种淡一些和一种浓一些的绿色。在花的底部用细笔刷画两片叶子，交配使用两种色调的绿色

**3.** 在完成剩下的马卡龙时，使用不同色调的粉色、白色和绿色，这样可得到不同的效果。这些小花画起来很简单，只需要在中间用颜色画一个点，然后在周围用不同的颜色画出像小数点一样的小花瓣。

**4.** 用淡粉色和粉色珍珠粉状色素涂抹一遍马卡龙，让它看起来富有光泽。（见 217 页）

**5.** 为了制作裹满马卡龙的树，要用绿色丝纸包裹住一块白色软木，向里面插入一根小塑料棍。在您想覆盖马卡龙的地方钉一个小棍到软木中。将马卡龙插到小棍上。为了制作一个冷杉模样的树，要找一块锥形的软木，按照刚才所说的办法将马卡龙安上去。在树上和马卡龙棒棒糖上系上粉色蝴蝶结，然后将它们插到填入白色软木块的花盆里，再在花盆表面覆盖一层糖豆。

177

# 威尼斯

这种马卡龙的装饰灵感来源于神奇的威尼斯艺术。威尼斯是一座美妙的城市，是我的第二个故乡。几年前我就开始在我所有的马卡龙创作里使用可食用金，这一高贵奢华的材料完美地融入了马卡龙的制作，很好地保持了美味且纯净的口感。

为了抓住威尼斯艺术的精神主旨，我设计了两只金色的小鸟，衬垫工具我使用了贝维拉神奇的布料，像天鹅绒、锦缎和薄花缎这些在 18 世纪仍用织布机打造的材料。这些大师级的手工艺品质历经 8 个世纪，让威尼斯的织布传统持久地焕发生机，令人惊叹。

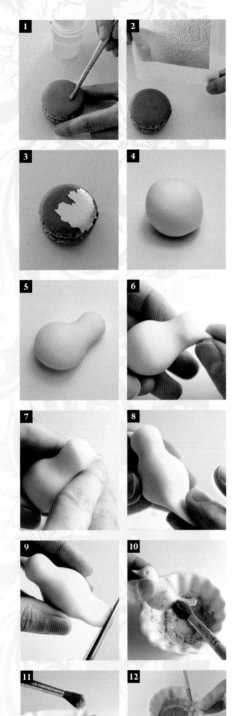

# 配方

**配料**（可制作约 50 个马卡龙）

马卡龙（见 216 页）

叶子绿色糊状或胶状食用色素用于染马卡龙的皮

三种柠檬酸奶油的马卡龙馅（见 219 页）

黄色的做模型的面团（约 40 克可制作两只小鸟，

见 205 页）

可塑形的杏仁糖膏（约 150 克）（见 203 页）

可食用金色糖纸

金色粉状食用色素

可食用金色闪粉

黄油

少许白酒，如伏特加或杜松子酒

可食用胶

## 工具

裱花袋

裱花嘴转接器

11 号圆形裱花嘴

刻雏菊花的模具和模型

刻心形的模具

细笔刷

剪刀

# 步骤

**1.** 按照 216 页的方法做马卡龙，使用 11 号裱花嘴。将三种柠檬酸的奶油填充。为了让马卡龙呈现金色，在您想染上金色的表面蘸抹少量的可食用胶。

**2.** 取一块可食用的金色薄板，不要撕掉它的保护纸，将它粘在刚抹了胶的地方，小心贴实。

**3.** 揭开金色薄板的保护纸，然后继续按照这一方法，将这张纸剩余的金色贴在马卡龙的其他地方。

**4.** 为了制作小鸟，将做模型的面团染上黄色，充分搓揉面团让它更加柔韧，然后把它搓成一个直径约为 5 厘米的球体。

**5.** 把面团的一端捏细，做成小鸟的头。

**6.** 用手指在鸟的头部捏出一个小尖角当作鸟嘴，然后用手完善嘴型。

**7.** 轻柔地搓揉，将鸟的脖子揉细。

**8.** 挤压小鸟身体的后半部分，将面团压成小鸟尾巴的样子。

**9.** 如图所示，用剪刀将鸟的尾巴剪齐整，然后用小棍在鸟头两侧扎两个点做眼睛。

**10.** 用融化的黄油涂抹鸟的全身，然后将画笔蘸染金色粉状色素给小鸟身子上色，并去除多余的粉末。

**11.** 将黄色做模型的面团放在一个抹了少许黄油的面板上，用擀面杖把它擀薄。用小的心形模具在面团上刻出两个心形。将心形的底部捏成翅膀的形状。用融化的黄油涂抹翅膀，并在上面裹满金色可食用金属粉，然后将它们粘在鸟的身体两侧。最后，用细笔刷蘸取少量的金色可食用金属粉撒在鸟上方。

**12.** 为了制作小雏菊，在一个抹了少许黄油的面板上，用擀面杖将可塑杏仁糖膏擀至约 2 毫米厚。用模具刻出您需要的雏菊，然后将它们放在雏菊模型里，闭合后用力挤压（见 189 页）。随后将金色粉状可食用色素放到一个碗中，加入淡酒，比如伏特加或杜松子酒，直到色素成液体状，用它给雏菊染色。完成后，使用少量的可食用胶，将雏菊粘在马卡龙上。

## 小提示

捏任何形状都要从圆球形状开始，为了得到一个没有裂缝的球体，秘诀就是重复的揉搓面团，直到它有些黏手。当它足够柔韧了，将面团放在手心，用足够的力度把它搓成球，让它快速滚动直到没有丝毫裂缝。

# 贝利尼

贝利尼是一种由普罗塞克和起泡酒桃泥混搭而成的鸡尾酒，诞生于 1948 年朱塞佩·西皮利亚尼经营的著名的威尼斯哈利酒吧。朱塞佩是艺术的狂热者，为了纪念威尼斯画家乔凡尼·贝利尼作品炫彩的粉色特点，他将这款粉色的鸡尾酒命名为贝利尼。

为了映衬这款神秘的鸡尾酒，也是为了向哈利酒吧致敬，我创作了拥有威尼斯灵魂和口感的马卡龙。

我将贝利尼的粉色重绘在马卡龙和花朵上，威尼斯的平底小黑船的颜色则映照在了蝴蝶上。

# 配方

# 贝利尼鸡尾酒

往郁金香杯中倒入 3/4 冰镇的普罗塞克酒（意大利气泡酒）（也可用香槟代替），加入 1/4 的桃子泥，搅拌混合。

# 贝利尼奶油

### 配料

1 包中性明胶粉

3 个桃子

4 汤匙普罗塞克酒或香槟

1 个鸡蛋

1 个蛋黄

240 克室温下的黄油

### 准备

将 3 汤匙普罗塞克酒或香槟酒倒入一个碗中，将明胶粉像雨一样撒入碗里并搅拌，等待它融化。

制作桃子泥。将桃子放入锅中，混入一个完整的鸡蛋外加一个蛋黄，持续搅拌待其沸腾。一旦开始沸腾，将锅从火上端下，向其中加入明胶，搅拌至完全溶解，然后放入冰箱保存 40 分钟。时间过后，加入一汤匙普罗塞克酒或香槟酒和室温下的黄油，充分搅拌，在使用前应冷却 3 小时。

# 步骤

**配料**（可制作约 50 个马卡龙）

马卡龙（见 215 页）

粉色糊状或胶状食用色素为了给马卡龙染色

珍珠色粉末状食用色素

黑色干佩斯（约 50 克）

白色可塑形巧克力（约 200 克）（见 205 页）

粉色和桃色的糊状或胶状食用色素

可食用胶

皇家蛋白霜（少量）（见 210 页）

黄油（少量）

白色锥体软木（为了做金字塔）

粉色丝纸（为了包裹金字塔）

**工具**

裱花袋

裱花嘴转接器

11 号圆形裱花嘴

擀面杖

刻蝴蝶的模型平板

刻雏菊的模具和模型

剪刀

细笔刷

**1.** 按照 216 页的方法使用 11 号裱花嘴制作马卡龙，给马卡龙刷上一层珍珠光泽，使用画笔蘸取珍珠色粉末状食用色素涂抹马卡龙的表面（见 217 页的过程步骤）。填入贝利尼奶油。将白色软木用粉色丝纸包裹住。在想悬挂马卡龙的地方插入小棍，然后将马卡龙插到小棍上。

**2.** 为了制作蝴蝶，在一个抹了黄油的面板上，将黑色干佩斯擀至 2 毫米厚。在刻蝴蝶的模型内刷一层融化的黄油，用厨房吸油纸吸出多余的黄油。将拉伸好的干佩斯放入模型中，用手指按压干佩斯以完整地刻出形状，尤其要注意在边缘处用力；如果用力不足，干佩斯将不能很好地成型。从模型里取出干佩斯，用剪刀剪出蝴蝶的形状。最后取一张卡片纸折叠成三部分，将蝴蝶放入其中，保持其翅膀展开的模样晾至少 1 小时（见 171 页）。

**3.** 为了制作小雏菊花，将可塑形巧克力用少量粉色和桃色色素染成贝利尼笔下的粉红色。在一个抹了黄油的面板上，用擀面杖将可塑巧克力擀至 2 毫米。用模具刻出所需要的雏菊，然后将它们放在雏菊模型里，闭合后用力挤压（189 页）。

一旦完成后，使用少量的可食用胶将雏菊花粘在马卡龙上和马卡龙之间的缝隙处。

**4.** 最后，用一滴皇家蛋白霜将黑色蝴蝶分别粘在马卡龙上。

# 马卡龙蛋糕

富有想象力地使用马卡龙方式就是将它们搭成一个多层的蛋糕，并按照宴会的主题装扮它们。绣球花状的杏仁搭配皇家蛋白霜的装饰细节，这种设计对于一场婚礼或是一个浪漫的宴会来说，再合适不过了。

# 配方

**配料**（可制作约 12 个马卡龙蛋糕）

马卡龙（见 216 页）

粉色糊状或胶状的食用色素（为了给柠檬马卡龙染色）

甜橙和柑橘花味奶油的马卡龙馅（见 219 页）

用 20 瓣甜橙做馅料

可塑形的杏仁糖膏（约 50 克）（见 203 页）

未修饰过的绿色糊状或胶状的食用色素，为了给杏仁糖膏染色

绿色粉状食用色素

珍珠粉色和白色粉状食用色素

黄油膏

可食用胶

白色皇家蛋白霜（见 210 页）

## 工具

裱花袋

裱花嘴转接器

11 号、8 号、6 号和 2 号圆形裱花嘴

擀面杖

刻绣球花的模具和模型

笔刷

塑料蛋盘

# 步骤

**1.** 为了做绣球花，使用少量的绿色粉状可食用色素给杏仁糖膏染色。在一个抹了黄油的面板上，用擀面杖擀杏仁糖膏至 2 毫米厚，然后用刻绣球花的模具刻出想要的花样。

**2.** 将每朵花放入绣球花模具里，用力闭合。

**3.** 取出模具里的花，将它们放入蛋盘中晾干至少 30 分钟。用细笔刷蘸染少量绿色色素，并用厨房用纸除去过量的色素，只在绣球花中心处上色。

**4.** 按照 216 页的方法制作马卡龙，大的马卡龙直径 8 厘米，用裱花袋配合 11 号裱花嘴挤制；中型马卡龙直径 4 厘米，用 8 号裱花嘴；小马卡龙直径 2.5 厘米，用 6 号裱花嘴。制作天然马卡龙时不用给面粉上色；制作粉色马卡龙时要将面粉染上粉色色素。

将它们放入炉中烘烤，等它们冷却后，用画笔刷蘸染色素，将白色马卡龙涂抹层珍珠白色色素，粉色马卡龙涂抹层珍珠粉色色素。

**5.** 给马卡龙填上甜橙和柑橘花奶油，大马卡龙中心放一瓣甜橙，中型和小型马卡龙中间放一块稍小的甜橙。

**6.** 用皇家蛋白霜将它们一个堆一个地粘起来，形成一个三层的蛋糕，用蛋白霜将绣球花贴到马卡龙表面。

**7.** 将裱花袋中填充白色皇家蛋白霜，配合使用 2 号裱花嘴，在大马卡龙中间部分的边上制作一个由蛋白滴组成的花结。一开始，挤两滴蛋白霜绘制一个 V 型图案，接着在 V 型中心点一滴。在另一边重复这个手法，然后从中心画出两条带子一样的曲线，最后在花结的中心挤滴蛋白霜呈珍珠样式。在马卡龙的两边和后面重复绘制花结。最后在小些的马卡龙边上用蛋白霜绘制心形作为装点( 见 215 页 )。

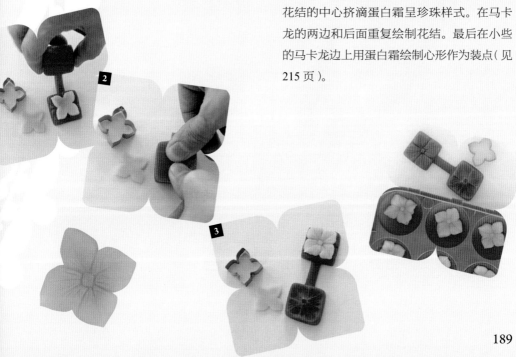

# 配方与技巧

我做甜点时总是避免使用过多的糖，希望由此获得一种均衡而美味的口感，让事物本身作用于味蕾。我推荐使用质量上乘的天然原料，以此来得到令人难忘的奇妙味道。

我的每一个食谱都需要仔细小心地大量尝试制作后才能得到令人满意的结果。通过这些教程，我希望改变人们所以为的有精美装饰的糕点不可能很美味的观点。事实上，真的可以让食物的巧妙设计和美味口感共存。

在这一章节中，除了介绍食谱，我还清晰地讲解了装饰的不同工艺的步骤。通过本书所示的工艺技术，可将时间最优化，创造出真正可食用的艺术作品。

# 杯装蛋糕

## 杯装蛋糕的加工和烘烤

烘烤杯装蛋糕需要纸做的杯子和一个用来盛装的铝制托盘，以防止蛋糕纸杯因为面团的重量而变形。

杯装盛到 3/4 处即可。为了加快速度，我更喜欢用一次性裱花袋来填充纸杯，但你也可以使用勺子或冰淇淋勺，这样可以保证在每个杯子中装入同样多的面糊。

为了在杯装蛋糕中心填入新鲜水果、干果或巧克力，先在纸杯底倒入面糊，在快到模型一半的地方停下，在中心加入填充物，然后继续添加面团直到模具 3/4 的地方。

杯装蛋糕烘烤时要让它们总是受到来自上方和下方的热量，最好把托盘放到烤箱的中层以使杯装蛋糕均匀受热。烘烤结束后，在取出蛋糕前让它们在铝制托盘中冷却 5 分钟。

为了在杯装蛋糕中填入奶油或果酱，可以使用苹果形去心器。将去心器摁压在蛋糕中心，深入至约到纵深一半的位置，切掉取出的蛋糕条，只保留外皮。向杯装蛋糕中心填入奶油后，再用刚保留下来的蛋糕皮盖住缺口。

## 重要小提示

· 所有的原材料都要保存在室温下。

· 应当使用电动搅拌器充分搅拌黄油和糖，直至混合物成奶油状，这样才能保证蛋糕的蓬松。搅拌不应超过 5 分钟，这样会造成杯装蛋糕做出来大小不一。

· 加入鸡蛋后，确保它们很好地融合，搅拌面糊至奶油状。

· 为了让杯装蛋糕柔软而蓬松，要使用过筛面粉；加入面粉后，不应随意搅拌混合物，要用抹刀或机器的刀片低速转圈搅拌。

· 如果杯装蛋糕中心下沉，那是因为取出时并未完全烤好，或是在准备时面糊太稀了。

· 如果杯装蛋糕中间开口或开裂太大，是因为烤箱火力太过强劲，托盘在烤箱内放得太高了，或是面糊搅拌过度了。

· 大部分杯装蛋糕建议在 180ºC 的温度下烘烤 20 分钟，而迷你杯装蛋糕在相同温度下只需烘烤 10 分钟。如果是在带风扇的烤箱中应将温度下调到 170ºC。如果您想让杯装蛋糕烤好时不凸起，就在 150ºC 下加热 30~35 分钟。

· 要以烘焙所需温度预热烤箱 15 分钟，然后再进行烘烤。

· 为了避免杯装蛋糕的纸杯脱落，应很好地防止它受潮，一打开包装纸后就需要把它放入塑料袋中闭合保存。不要过早地将纸杯放入铝制托盘中，防止其受潮。接下来烘烤时，为了防止纸杯脱落，在烤箱里冷凉不超过 10 分钟再取出。不要在杯装蛋糕还没有完全凉下来时覆盖保鲜膜或将其放入保鲜盒中密封，否则隔绝的外部湿气会让纸质模型脱离。

· 杯装蛋糕很容易风干，所以保存超不过 3 天。而为了让多它保持一两天新鲜湿润的状态，需要在从炉子取出还热的时候立即涂抹糖浆。（见 194 页糖浆的食谱）

· 加工杯装蛋糕时需要注意，蛋糕需要含油脂，那些不含黄油的蛋糕会很快风干，保存不超过 1 天。

· 杯装蛋糕可以不经装饰地保存 3 天，在室温下用保鲜膜包住托盘或是将其放到密封保鲜容器内。我从来不冰冻我的杯装蛋糕，但您可以将它们放入保鲜容器后冰冻 2 个月。解冻时，在室温下取出它们前，需要将该容器放在冰箱冷藏室中等待 24 个小时。正确的解冻方法是保证蛋糕原始质地的重要因素，这个方法适用于所有糕点产品。

# 糖浆的配方

糖浆是用来涂抹杯装蛋糕的，不仅可以防止蛋糕脱水，还能为之增添更多口味。制作中性的糖浆方法如下：

**配料**

100 克糖、100 克水

**准备**

先在锅中放入糖，加入水后搅拌，之后将锅放在火上加热，不要在火上搅拌以防止形成糖晶体。待水煮沸。水开始沸腾后关火。随即就可使用做好的糖浆，将剩余的立即放入冰箱保存。在密闭塑料保鲜容器内，糖浆可以保存 3 个星期。不要在室温下保存，防止细菌滋生。

我总是使用少量的糖来避免蛋糕味道过甜，我很喜欢使用水果汁、酒或鸡尾酒来制作糖浆。

## 橙子糖浆

**配料**

100 克经过滤的橙汁

50 克糖

## 酸橙或柠檬糖浆

**配料**

50 克酸橙或柠檬汁

50 克水、50 克糖

## 酒精糖浆

**配料**

100 克酒、50 克糖

# 杯装蛋糕的外皮和糖霜

**甘纳许配方**

甘纳许是一种由巧克力和奶油加热混合而成的物体。甘纳许种类很多，硬度可大可小，取决于巧克力和奶油的用量。可以使用黑巧克力、牛奶巧克力或白巧克力，还可以加入香料、水果或是酒来调味或是增添芳香。

接下来是不同种类的甘纳许的食谱，每一种的坚硬度都适合做杯装蛋糕的外皮，您可使用裱花袋和弯形或平口的裱花嘴。

用甘纳许覆盖的杯装蛋糕可以在室温下保存，不需要将它们放入冰箱中。

制作甘纳许的步骤适用于各种巧克力，唯一需要改变的就是巧克力的种类。

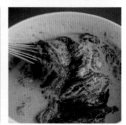

# 牛奶巧克力奶油

这些制作中性甘纳许的配料的分量适用于牛奶巧克力和白巧克力。

**配料**（可制作约 12 个杯装蛋糕）

300 克牛奶巧克力

90 克浓稠奶油

1 小勺甜点或 5 克您喜欢的天然香料

**制作**

将豆状或切成小块的巧克力放入碗中，在微波炉里用最低温加热 3~4 分钟，或在双锅炉中使其溶化。

加热奶油直至其沸腾，然后将奶油加入融化的巧克力内。使用钢制打蛋器或电动搅拌器最低速搅拌巧克力和奶油，直至混合物充分融合，呈现光滑而有光泽的状态。

这时就可以加入天然香料或天然香精油来调味了，加入后搅拌直到混合物完全融合（见小贴士）。

## 小贴士

在任何一种奶油制作中，你都可以加入香料和可食用香精油来调味，但我推荐您使用天然的香料或香精油，因为化学产品会让最后的口味有种人造的感觉。

香料或可食用香精油的成分如下：

一公斤奶油需要使用 10 克天然香料。也就是说，在之前的食谱里，需要 5 克的量或是一小勺甜品。

一公斤奶油需要使用 10 滴天然香精油，也就是说之前的食谱里，需要 5 滴的量。花味香精油中紫罗兰花、薰衣草或玫瑰是最温和的，您可以根据口味增加用量。

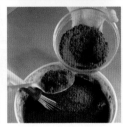

# 巧克力和水果奶油

巧克力奶油可以混合不同种类的水果，根据巧克力种类而定的使用分量如下：

# 牛奶巧克力和草莓

### 配料

300 克牛奶巧克力

50 克浓稠奶油

60 克天然浓缩草莓酱

10 克冻干草莓粉（可选）

70 克的草莓可以用同量的其他水果代替，如果那种果肉很多汁的水果，像百香果和柑橘果汁或酒，这些用量只需 50 克。

在制作好基础的甘纳许后，加入水果酱搅拌，直至混合物看上去光滑且有光泽即可。如果想让口味更浓郁，可加入冻干果粉，将奶油打至质地柔滑。

在室温下将奶油冷却 24 小时，然后用电动搅拌器将其打至黏稠顺滑。这时您就可用裱花袋搭配弯形或平口裱花嘴盛装奶油了，然后将其涂抹在杯装蛋糕上。

### 如何浓缩水果酱

当您使用冻干果粉时不需要浓缩果酱，因为水果的口味已足够浓郁了。如果您手边一时没有冻干果粉，也可以浓缩水果酱以增加味道。

使用 300 克草莓，榨汁后放入锅中加热，沸腾后等待 10 分钟，为了蒸发水分使草莓味道浓郁；在关火前 1 分钟，加入一大勺冰糖然后搅拌。待果酱冷却后装入密封塑料器

皿中放入冰箱。这一步骤适用于任何水果。

### 冻干果粉

用冻干果粉对奶油调味是一个健康天然的选择，因为冷冻干燥是一个不同常规的脱水过程，通过冰冻和与水分离，保留了水果的分子结构，所有的口味、颜色、维生素和营养物都被保存了下来，并且可以迅速溶于水。冻干果粉可以在糕点供应商那儿买到。

白巧克力和水果奶油的配料用量如下：

# 白巧克力和覆盆子

### 配料（可制作 12 个杯装蛋糕）

300 克白巧克力、50 克浓稠奶油

50 克覆盆子果肉（或任何一种其他的水果，如果使用柑橘或酒，只需 40 克）

10~20 克冻干覆盆子粉（可选）

### 黑巧克力奶油

### 配料（可制作 12 个杯装蛋糕）

300 克黑巧克力、300 克浓稠奶油

1 汤匙葡萄糖水或蜂蜜

1 小勺甜品或 5 克您喜欢的天然香料

### 葡萄糖

葡萄糖能让奶油表面看上去更光滑闪亮，因为黑巧克力甘纳许实在是太沉闷了。应该对它进行搅拌，然后放入微波炉以最低温加热几秒钟，注意不要过度加热，否则葡萄糖会失去它的有效成分，最后搅拌着倒入奶油。牛奶巧克力或白巧克力的甘纳许中不

需要加葡萄糖或蜂蜜。

# 酒味或柑橘
# 黑巧克力

**配料**（可制作 12 个杯装蛋糕）

300 克黑巧克力

150 克浓稠奶油

1 大汤匙葡萄糖水或蜂蜜

90 克任一种类的酒或柑橘汁

# 黑巧克力和水果

**配料**（可制作 12 个杯装蛋糕）

300 克黑巧克力

150 克浓稠奶油

1 大汤匙葡萄糖水或蜂蜜

120 克果肉

10 克冻干果粉（可选）

任何种类的甘纳许放在密闭保鲜塑料盒中时，在室温下可保存四天；放入冰箱中则可保存两星期。

# 黄油配瑞士蛋白酥
# 奶油配方

**配料**（可供制作 12 个杯装蛋糕使用）

550 克糖

280 克经巴氏杀菌的蛋清

550g 克室温下保存的黄油

1 大勺塔塔粉或 5 克黄原胶

（不同口味见 198 页）

**准备**

用电动搅拌器搅拌蛋清和糖，搅匀后将碗隔水加热，不停地用钢制打蛋器搅拌，直到糖晶体完全溶解。55 摄氏度时糖会溶解，但不必使用温度计，触摸蛋液时若没有发现糖颗粒就算完成了。

将蛋液放到冰箱或冰冻柜内冷藏几分钟，待其温度达到室温时取出。将加了糖的蛋液放入搅拌器内，用最大速度搅拌 15~20 分钟，直到蛋白酥充分搅匀。加入塔塔粉或黄原胶。

将搅拌器转换为叶片使用，逐个加入方块黄油，最低速搅拌。最后加入水果泥、巧克力或香料给奶油提味。一点一点地加料，防止奶油被稀释。在最低速搅拌过程中，倒入糊状或胶状食用色素。切记不要使用多功能手持电动打蛋器，否则奶油会被稀释。

# 不同口味的黄油配瑞士蛋白酥奶油

**水果味**（如草莓、覆盆子、桃子、芒果等）

依照前文配方推荐使用的量是：

80 克浓缩果泥

1 或 2 汤匙冻干果粉（可选）

如果使用冻干果粉来加强果味，就不需要浓缩果泥。如果您没有冻干果粉，但想让味道更浓郁，就需要浓缩果泥（见 196 页）。

**橙子味**

依据前文配方推荐使用的量是：

40 克浓缩橙汁（见 196 页）

2 个橙子的果皮（原生态的或未经化学处理的）

1 汤匙甜橙酒

**奶味或花生酱味**

依据前文配方推荐使用的量是：

150 克炼奶或花生酱

**白巧克力或黑巧克力味**

依据前文配方推荐使用的量是：

70 克冷却的巧克力酱

1 小勺香草精

**开心果或占督亚（Guianduja）味**

依据前文配方推荐使用的量是：

100 克开心果糊

**咖啡味**

依据前文配方推荐使用的量是：

3 汤匙速溶咖啡

3 汤匙咖啡酒

**酒味**

依据前文配方推荐使用的量是：

50 克酒（威士忌、朗姆、白兰地等）

**柠檬酒味**

依据前文配方推荐使用的量是：

40 克柠檬酒

1 个柠檬的果皮（原生态的或未经化学处理的）

1 汤匙柠檬汁

# 杯装蛋糕基础的奶油装饰

将奶油装入裱花袋，搭配使用大的弯口裱花嘴，从杯装蛋糕外侧向内部螺旋形挤出奶油（如图所示，均匀用力）。结束裱花后，先停止挤压裱花袋，然后再将其移开。

## 液体翻糖的光泽

**液体翻糖**（不是那种用来覆盖蛋糕的）

液态翻糖经糖、葡萄糖和水煮沸而制成，家庭加工需要花费时间，并且做出来也没有工业翻糖那么闪亮。工业翻糖需要稍微加工一下，调制它的黏稠度，使之成为有光泽且光滑的糖衣。

**配料**（可装饰约 24 个杯装蛋糕）

1.5 千克液体翻糖

2 汤匙葡萄糖液

100 克糖浆

**准备**

将液体翻糖放入碗中，在上面倒入热水静置 20 分钟，使翻糖变柔软，然后倒掉热水，加入其他材料。将碗放入微波炉里低温加热 3 分钟（如果翻糖加热过度会失去光泽）。将碗从微波炉里取出，用硬刮刀充分搅拌，然后再重新加热 1 分钟。

将翻糖液分放在小碗里，用糊状或胶状食用色素将其染色，每次加少量色素，直到颜色令人满意。在涂抹杯装蛋糕前，每个碗要放在微波炉里以最低温加热 20 秒。检查翻糖液的品质，如果过于浓稠，可加入少量糖浆，

用刮刀搅拌直至其充分混合。

## 糖浆

**配料**

200 克糖

200 克水

3 汤匙柠檬汁、橙汁或任意酒（如果您想给糖浆新的口味）

**准备**

先在锅中放入糖，然后加入水、果汁或酒，充分搅拌，加热直到沸腾（加热时不要搅拌）。开始沸腾后关火，等待它冷却后即可使用。如果糖浆不立即使用，需要倒入密闭保鲜塑料盒中放入冰箱，可保存三个星期。

# 如何使用翻糖液给杯装蛋糕镀糖衣

如果杯装蛋糕出炉后高低不平，可用小刀修整其表面以使其平坦。

加热两勺杏子酱直至其沸腾（不要使用其他口味的酱，因为杏子口味中性，不会影响杯装蛋糕的味道）。用刷子给每个杯装蛋糕涂上一层很薄的外霜，然后等待至少15分钟以晾干，这样可防止翻糖在蛋糕表面破碎或被吸收。制作翻糖糖衣时，需先将杯装蛋糕放入冰箱约15分钟。

准备好翻糖液后，将杯装蛋糕表面浸入其中，取出，然后倒立着轻轻摇晃蛋糕，以甩掉多余的翻糖。等待10分钟后，进行第二轮翻糖镀衣。三次镀糖后，糖衣才能明亮而有光泽。

翻糖会很快结上一层软皮，并且变得浓稠。如果在使用过程中发生这种情况，您只需用刮刀搅拌翻糖；如果是变浓稠，则需加入少许糖浆。同样，您也可以加热几秒钟来让它更具流动性，但加热数次后，翻糖会失去一些光泽。我更喜欢加入糖浆并进行搅拌。

# 意式蛋白霜配方

意式蛋白霜不同于其他的蛋白霜，保存状态很稳定，可存放数天。

**配料：**

6 个鸡蛋清

500 克糖

80 毫升水

**准备：**

把水和糖放入锅中，搅拌、加热，沸腾后停止搅拌，以防止糖结晶。在糖浆中放入一个糖浆温度计，并用蘸水的刷子涂抹锅壁，以防止糖在上面结晶。当温度到 100℃ 时，开始打发蛋清至乳白色。

当温度计到达 118℃ 时关火，然后缓缓地把糖浆倒在搅拌好的蛋清上；不要将糖浆倒在打蛋器的杆上以防止其变硬，要沿着碗壁倒入糖浆，并用电动搅拌器以最大速度搅拌蛋白酥。搅拌约 15 分钟，直至混合物冷却下来。这时您可以加入糊状或胶状色素进行染色。

如果您希望蛋白酥外表干燥而内部黏稠，那么糖浆需要熬至 128℃。

# 翻糖配方

翻糖，也称糖膏或美式糖膏，是一种延展性很好的面团，用来装饰蛋糕和杯装蛋糕，它让蛋糕色彩油亮，给人视觉上的冲击美感。

## 配料

10克（1袋）中性粉状明胶

5 汤匙水

1/2 汤匙甘油（在潮湿炎热环境下保存的不可用）

1 汤匙葡萄糖

10 克黄油

600 克过筛糖粉

## 准备

碗中盛水，加入明胶，以最低温隔水加热 1 分钟，搅拌后放入微波炉再加热 1 分钟。取出后检查明胶是否充分溶解；如果没有，重新放入微波炉加热。糖膏成功的秘诀在于不要留有块明胶凝块，否则糖膏就不会有很好的延展性，并且会开裂。

加入甘油，在微波炉中加热几秒，然后搅拌并加入葡萄糖，直至充分溶解。加入黄油，在微波炉中加热 1 分钟后搅拌。

在面板上铺上糖粉，在中心留个空洞。加入还温热的液体，搅和混合物直至糖粉形成一个有弹性的团子，然后用力揉。这时，您可以根据口味加入一些香料或用糊状或胶状色素染色，然后充分揉至糖膏使其整均匀上色。

# 如何使用翻糖覆盖杯装蛋糕

如果杯装蛋糕出炉后高低不平，可用小刀修整其表面，去除多余部分。

在面板上充分糅合翻糖膏，不要留下一点糖粉。糖膏需要很柔韧才能进行拉伸，否则会裂口。翻糖会很快变干，所以需要在上面覆上保鲜膜以保持湿润。

在糖膏表面撒上糖粉，用带垫圈擀面杖或不超过 3 毫米凸起花纹的擀面杖擀压翻糖膏。杯装蛋糕的翻糖需要比蛋糕翻糖更薄。

用刀子在翻糖面皮上划出比杯装蛋糕直径大一两厘米的圆，去除多余的糖膏并保存在塑料袋中。剪出的这些圆面皮不用时，需要用保鲜膜盖在上面，以防止其风干。

煮沸杏子酱（杏子口味中性，不会干扰杯装蛋糕的味道），然后用刷子蘸取酱汁涂抹杯装蛋糕。将翻糖圆皮覆盖在蛋糕上，轻轻地按摩让两者黏合。

为了让杯装蛋糕表面如珍珠般闪耀，可将融化的黄油涂抹在翻糖上，并用厨房用纸除去过量的黄油，然后用一把大刷子在蛋糕整个表面涂上珍珠粉状的色素。您可以使用任何一种颜色，但是为了让色彩协调，最好是使用与翻糖颜色接近的珍珠粉色素。

# 可塑性的杏仁糖膏配方

杏仁糖膏是制作小花、装饰物和模型的理想材料，它们柔软，可以作为小细节而完美地融于饼干和马卡龙的制作中，同时又不会改变它们本来的质地。

## 配料

260 克研磨过的杏仁

550 克过筛糖粉

2 汤匙过滤柠檬汁

3 汤匙白兰地

80 克经巴氏杀菌的蛋清

## 准备

在碗中混合搅拌研磨的杏仁、糖粉、柠檬汁和白兰地。搅拌，然后加入没有打制的蛋清。在桌上撒一些糖粉，取出混合物手揉，将其揉到有韧劲、可延展即可。如果杏仁团过软，就加入更多的糖粉。您可以用糊状或胶状的色素上色。

放入塑料包装或密封保鲜塑料袋中保存。可存放 2~3 星期，但第一周后杏仁糖会失去一定的弹性。

# 干佩斯或制花面团的配方

干佩斯是制作花朵、蝴蝶结或细节装饰的理想材料。

## 配料

3 汤匙水

1 汤匙葡萄糖

300 克糖粉

1 汤匙黄蓍胶或 CMC（羧甲基纤维素）

## 准备

用黄蓍胶或 CMC 过筛糖粉。在另一容器里盛水溶解葡萄糖，放入微波炉以最低温加热几秒钟直至其溶解（如果葡萄糖加热过度会失去有效成分）。

将葡萄糖水倒入碗中，加入糖粉，直到混合物成型可以揉制。揉压混合物直至其柔韧有弹性。如混合物很软，您可以加入更多的糖粉；如果混合物比较硬，您可以加入少量水。

在把面团擀得很细来做花之前，需要将面团用薄膜盖住放入密闭保鲜袋中静置至少3 天。在这段时间中，干佩斯会发生反应以使自身更有弹性和延展性。

干佩斯放置一两天后会变硬，这是因为其中的葡萄糖冷却了。要想即时使用，您需要充分揉制干佩斯以使它恢复弹性；如果干佩斯在使用前没有充分揉制，拉伸时会裂口。

干佩斯需在室温下保存，用保鲜膜盖住放入密闭保鲜塑料袋中。自制干佩斯可保存约 7 天，之后会脱水并且非常干燥。工业制作的干佩斯室温保存好的话可以存放一两个月。

## 小贴士

糖粉的量可以做轻微改变；一些品种的糖会比其他的更容易吸收水分；同时，天气也会影响糖的品质：潮湿天气比干燥时多用一点糖。基本规则之一：团子要揉制到不能粘手。

## 染色

干佩斯、可塑性面团、翻糖和杏仁糖膏，都可以用糊状或胶状染色剂染色。色素使用量决定了颜色呈现得深浅。为了让面团上色均匀，需要对其进行充分的搓揉按摩。

# 可塑形白巧克力配方

可塑形巧克力可以用来制作小花和其他装饰物，同时也可以代替翻糖覆盖杯装蛋糕。它呈现白色，可完美地装饰饼干和马卡龙。

## 配料

880 克巧克力

58 克可可脂

200 克葡萄糖

140 毫升葡萄糖浆

## 准备葡萄糖浆

130 毫升水

75 克糖

45 克葡萄糖

将所有配料混合加热至沸腾，冷却后可取出使用。

## 准备可塑形白巧克力

在微波炉或双锅炉中以最低温融化巧克力，在另一个容器内融化可可脂，混合巧克力和可可脂。

温热葡萄糖和葡萄糖浆，之后与巧克力混合。将其放入密封的冷冻袋中在室温下放置 12 小时。揉制混合物至其柔韧。

在面板上撒上糖粉或抹上黄油，用擀面棍擀压混合物。

存放时，将可塑形巧克力用保鲜膜覆盖后放入密封塑料袋中，在室温下保存。

# 可塑形面团配方

可塑形面团，又被称为墨西哥式面团，比干佩斯更软，被用来制作小花和模型（不会像干佩斯那样硬）。

准备的方法是将50%的翻糖和50%的干佩斯揉至混合。

在涂抹黄油的平面用擀面杖擀压混合物。

存放时，将可塑形的面团用保鲜膜覆盖后放入密封塑料袋中，在室温下保存。

## 如何使用干佩斯、杏仁糖膏、可塑形巧克力和可塑形面团

这些东西都可以用来制作花朵和装饰细节，它们的使用方法相同，但只有干佩斯需要更长时间的揉制。

制作小的细节装饰时，像花朵，要充分揉制材料，然后在一个抹了少许黄油的平面用擀面杖进行擀压，最后用模具在上面刻出想要的形状。

# 如何制作小花

**工具**

擀面杖

刻小花模具

塑料袋

塑料蛋盘

细刷

厨房用纸

裱花袋

裱花嘴的塑料转换头

裱花嘴 1 号

在接下来的步骤中我使用了干佩斯，但这一制花工艺适用于之前提到的任何一种材料。

在一个抹了黄油的平面擀压干佩斯至约 1 毫米厚，用刻小花的模具刻出您需要的数量。

将小花放在蛋盘中晾干，这样可使它们保持弯曲的形状。用细笔刷蘸取少量粉状色素，充分蘸染后用厨房用纸除去多余的粉末，只在小花中心处上色。

裱花袋内装上白色皇家蛋白霜，使用 1 号裱花嘴在每个小花中心挤出 3 颗小珍珠作为花蕊。

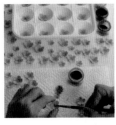

# 如何制作玫瑰花

**工具**

擀面杖

刻玫瑰花瓣和叶子的模具

厚的 EVA 橡皮垫（花垫）

小木棍

塑料袋

玫瑰花叶子模型

剪刀

在接下来的步骤中我使用了干佩斯，但这一制花工艺只适用于可塑形巧克力和杏仁糖膏。

将干佩斯染成深粉色和淡粉色，充分揉制，直到能黏在手指上，这样它会很灵活、有弹性，而且不会开裂。

在一个抹了少量黄油的面板上擀压深粉色的干佩斯，并用模具刻出 5 瓣玫瑰花瓣。将剩余的干佩斯重新搓揉成团，覆盖上保鲜膜装入塑料袋中保存。立即用塑料袋盖住刻好的花瓣以防它们变干。

把花瓣放在橡皮垫上，用小木棍将花瓣周围部分压细。只能触碰周围，不能碰到中心处，因为需要保持花瓣中心部分厚实，方便后序步骤。

将第一片花瓣卷起来作为玫瑰花心。将第二片花瓣围绕花心卷起来，它需要高出花心一两毫米；如果外部花瓣低于玫瑰花心，花看起来会很不自然。手指轻轻用力，让花瓣黏合在一起。

第三片花瓣需要在更高位黏合，从之前花瓣的中间开始，如图所示，用手指轻轻向外弯曲花瓣。接下来剩余的两片花瓣按同样方式，从上一花瓣的中间开始黏合，同时用手令其向外弯曲。

弯曲的方法是，用拇指和食指抓住花瓣边界，不要挤压，而应轻轻地将其向下拉扯，然后再弯曲另一边花瓣边界。

擀压淡粉色的干佩斯，在上面给每朵玫瑰刻出7片或8片花瓣。按刚才的方法黏合花瓣。结束后检查玫瑰花是否呈均匀的圆形，如果不是，需要再贴附一片花瓣以使玫瑰花形完好。最后用剪刀平直地剪去多余的干佩斯。

制作玫瑰花苞，需要剪三片花瓣，卷起第一片做花心，第二片比第一片高一两毫米，第三片从第二片中间开始贴合，用剪刀除去多余的干佩斯。

为了制作玫瑰的叶子，将干佩斯染成浅绿色。经擀面杖擀压后，用模具刻出叶子的形状，将叶子逐个放入模型中，闭合，用力按压使其表面出现叶脉。在叶子的底部微微拧一下来塑形，如图所示。

# 饼干糕点

根据我的配方制作出的饼干质地很棒，尤其是抹上一层皇家蛋白霜后，口感均衡又美味。

## 香草饼干

**配料**（可制作约 15 块中型饼干或 7 块大饼干）

100 克糖

200 克黄油

1 个鸡蛋

260 克面粉

1 甜品勺的香草香精或香草粉

### 准备

用电动搅拌器搅拌糖和黄油，使其成奶油状，不要过度搅拌，否则烘焙时其延展性会大打折扣。加入鸡蛋进行混合，然后加入香草香精或香草粉。面粉过筛后加入混合物。如果您想用电动搅拌器和面，您需要使用叶片。在手工制作的情况下，用刮刀搅拌面粉和之前的混合物，然后对其进行揉制。

将面团搓成条，切成厚薄约 2 厘米的小段。将小段放入塑料密封盒中，在冰箱里静置至少 2 小时。这是为了防止在烘焙时，饼干的表面起泡。

从冰箱中取出面团，然后揉软它们，不要将面团存放在室温下，否则用托盘移动切好的饼干时，饼干会因为过软而散碎。如果您想在室温下处理面团，您需要加入更多的面粉，但这样饼干会失去它应有的口味，烘烤出来可能口感过硬，表面上也可能有裂口。

在一张烘焙纸或面板上擀面团，面团上面再放一张烘焙纸（防止在面团上留下杂质）。用带垫圈 6 毫米的擀面杖擀压面团，这样做出的饼干厚薄相同。也可以将面团擀压至小于 6 毫米厚度，但是移动饼干时有折碎的风险。

用刻饼干的模具切出您想要的形状，去掉多余的面团（可将它们重新揉制后可继续使用）。用托盘转移饼干，过程中需在上面盖上烘焙纸。

先将炉子预热 15 分钟，然后将饼干放入炉中，开到 180℃，小饼干烘焙 10 分钟，中型饼干烘焙 12 分钟，大饼干烘焙 13~15 分钟。烘焙时饼干大小要一致，这样才能使其受热均匀。

## 巧克力饼干

制作巧克力饼干要遵循香草饼干的加工过程，只是需要用 50 克可可粉来代替 50 克面粉。

## 柠檬饼干

用一个柠檬的果皮（天然或未经化学处理的）和一汤匙柠檬汁或柠檬酒来代替香草香精。

## 橙子饼干

用一个橙子的果皮（天然或未经化学处理的）和一汤匙橙汁或橙子酒（白橙皮酒或君度）来代替香草香精。

# 紫罗兰、玫瑰和其他口味的饼干

您可以制作出多种口味的饼干：紫罗兰、玫瑰、薰衣草、椰子、欧茴香、覆盆子等。制作它们时，你需要使用天然香料或可食用的天然香精油。

我的建议是，在上述配方的面团中，加入 1 甜品勺的天然香料。如果您使用的是香精油，可在每一配方中加入 10 滴。如果是花味的香精油，因它们味道清淡，所以需要加入 20 滴或者更多。

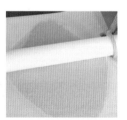

### 有颜色的饼干的准备和烘焙

饼干面团可以用糊状或胶状色素染色。当您在制作面团时，可加入您喜欢的颜色，生面上色后显得颜色深而没有光泽，但这些饼干一旦烤好，它们的色彩会变得很漂亮。

这些上色的饼干烘焙时间要稍少于正常饼干，因为饼干边一旦烤焦了，颜色会很难看，所以应该很小心，不要把饼干烤焦。烘焙时间取决于饼干大小。

像薰衣草、紫罗兰和玫瑰的小花形的小饼干（见 153 页）烘烤不要超过 5 分钟，大饼干不要超过 7 分钟。带颜色的饼干更适合做得纤薄些，以方便它们的烘烤。153 页的饼干的厚度只有 3 毫米。

### 饼干和面团的冷冻

饼干烘焙后是可以进行冷冻的。经过装饰的饼干不建议冷冻，因为湿气会破坏上面的蛋白霜；也不要冷冻未烘焙的切好的饼干，因为如果冷冻后再烘焙，饼干很容易折碎。

要想冷冻烤过的饼干，需要将其放入塑料保鲜密封器皿中，并应注意要用烘焙纸分层堆叠饼干。这些饼干可以冷冻 3 个月。如同所有蛋糕店的产品，食用前，您需要将装饼干的盒子放入冰箱冷藏室解冻 24 小时，然后再取出放入室温环境中。

### 没有烘焙的饼干面团的冷冻

制作饼干的生面可以冷冻 2 个月。您要做的是，首先用塑料薄膜覆盖住面团，然后将其放入冷冻袋中，上面要贴一个标签记录下失效日期。使用时，面团要先在冰箱冷藏室中解冻 24 小时，取出后应先揉制后再使用。

# 皇家蛋白霜

皇家蛋白霜是用来覆盖饼干的，同时也可以为小糕点、杯装蛋糕和马卡龙做细节装饰。

皇家蛋白霜可以用粉状的蛋清（白蛋白粉）或经巴氏消毒的液体蛋清。未经巴氏消毒的蛋清可能含有细菌。

## 用于绘画的皇家蛋白霜

（使用经巴氏消毒的液体蛋清）

### 配料

230 克糖粉（约量）
40 克经巴氏消毒的液体蛋清
6 滴苹果醋或其他白醋

### 准备

使用白蛋白粉也是同样的步骤。

由脱水白蛋白或经巴氏消毒的液体蛋清制作的皇家蛋白霜可以在室温下保存 1 天或在冰箱中保存两星期。一两天后，蛋白霜在容器底部很可能会形成液态层。如果是在冰箱中保存，则不用担心有染菌的隐患。但是，如果室温中的蛋白霜分层，会很容易滋生细菌。从冰箱中取出蛋白霜后，需要待其达到常温状态，然后搅拌使其恢复原来的质地。

## 用于绘画的皇家蛋白霜

### 配料

230 克糖粉（约量）

1 满勺蛋清粉（白蛋白粉）
3 汤匙水
6 滴苹果醋或其他白醋

### 准备

为了水合蛋清粉，需要在一个有密封盖的塑料容器内倒入 3 汤匙水和 1 甜品勺的蛋清粉（相当于 1 个蛋清）。搅拌，这时混合物的质地会有凝块感。盖住容器，在室温下静置 5 小时，使其充分水合。打开盖后会有很浓的鸡蛋味，这是因为白蛋白都浓缩了。

加入一些糖粉（糖粉不需要过筛，除非您使用小于 2 号的裱花嘴），用搅拌器叶片低速搅拌不超过 5 分钟，防止进入太多空气，否则蛋白霜会易碎并且显得不透光。可以使用手持电动搅拌器，开到最低速度制作蛋白霜。

在结束搅拌前，加入白醋（比柠檬汁更合适）。醋酸与柠檬酸相比有很多好处。醋是一种天然防腐剂，可白化蛋白霜，使其更快速硬化和变干，并且不会像柠檬汁一样导致颜色浑浊。

要注意，糖的用量取决于天气条件（潮湿或干燥），同时糖的质地也会受影响（有些糖更容易遇潮融化）。需要多加尝试，依据经验微调配方中糖的指示用量，通常需要用糖 220~240 克之间。

蛋白霜需要保存在密闭塑料保鲜盒中，在蛋白霜上应覆盖一层保鲜膜，以防止其变干。

### 皇家蛋白霜的浓稠度

如果蛋白霜过于浓稠，可加入一些水搅拌。

如果蛋白霜过稀，可多加一些糖粉。

检查并调节其浓稠度，直到得到您想要的结果。

# 微硬的蛋白霜

在饼干装饰中，很多时候需要一种更硬一些的蛋白霜做细节，比如叶子、珍珠等。在这种情况下，在用于绘画的蛋白霜的配方基础上，可多加 1~2 汤匙的糖粉，然后搅拌。

### 皇家蛋白霜的染色

要用糊状或胶装的可使用染色剂对蛋白霜进行染色。当您需要染淡色调时，要一点一点地加入染色剂，把颜色染重总是比把颜色染淡容易。如果颜色比您期待的深了些，需要加入白色蛋白霜来调节色调。

### 红色皇家蛋白霜

最难染的颜色就红色和黑色。制作红色蛋白霜时不能加入大量染色剂，因为过量使用后效果会不尽如人意：在吃饼干时嘴会被染成红色，同时色素也改变了食材的味道；当蛋白霜晾干后，过度的红色呈现出的是紫红色。

要想获得一种漂亮的红色，而又不会出现刚才的各种情况，秘诀在于制作好红色蛋白霜后放置 24 小时再使用，其历经的化学反应会为蛋白霜增色；另一个诀窍是加入少许黄色染色剂来加重红色。蛋白霜晾干后，颜色也会变深，所以要想得到红色，把蛋白霜调成淡红色即可。

# 液态蛋白霜

这种蛋白霜被用来填充饼干。在用于绘画的蛋白霜的配方基础上多加入一些水，用小勺加水以确保不会产生太多气泡。为了检测蛋白霜是否达到了液态标准，需要拿一个叉子划过其表面：如果划痕 10 秒内消失，说明蛋白霜湿度此时刚好；如果超过 10 秒消失，就需要加入更多的水；如果小于 10 秒消失，则要加入用于绘画的蛋白霜。如果蛋白霜过于湿润，饼干会吸收其中的水分，从而使其失去光泽和厚度。

将液态蛋白霜放入塑料挤压瓶来填充饼干。这种蛋白霜不能久放，制作好后就应该立即使用，因为一两小时后水会分离，这时再使用，会导致结霜表面产生很多白块儿。

### 必读小贴士

· 为了让饼干表面的蛋白霜光滑闪亮，不要过度搅拌皇家蛋白霜，否则进入太多空气会使其颜色浑浊而易碎。不要使用柠檬汁，要用白醋。制作液态蛋白霜不要加入太多水，要严格按照指示制作。不要加塔塔粉，这会导致蛋白霜变酸并且色彩浑浊。最重要一点是，蛋白霜需要加工至少 4 天后再使用，新做的皇家蛋白霜没有光泽。

· 塔塔粉是用来给蛋白霜增加体积的。制作圆滑的珍珠或有一定体积的装饰物时，就需要在皇家蛋白霜配方基础上加入 1/4 茶匙的塔塔粉。塔塔粉会让蛋清中不同体积的分子变得大小统一，进而聚合蛋白霜，使其体积增大。我的建议是，只有在绘制装饰性细节时才使用加入了塔塔粉的蛋白霜，而装饰饼干的蛋白霜中不要添加塔塔粉，否则会使其色调浑浊。

柔软的小尖（用于绘画的蛋白霜）：用刮刀舀起的小尖应该倒下。

坚硬的小尖（用于弯型裱花嘴的蛋白霜，可绘制叶子和花朵）：用刮刀舀起的小尖应该保持稳定状态。

液态蛋白霜（用于填充饼干）叉子划过表面，划痕应在 10 秒内消失。

# 饼干的保存

这些经过装饰的饼干放入纸袋密封，可保存 2 个月。

# 如何装饰饼干

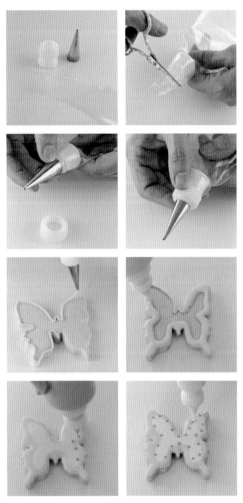

准备一个裱花袋和一个裱花嘴的塑料接头，如图所示，不必清空裱花袋就可换装裱花嘴。

为了绘制饼干边儿，使用 3 号裱花嘴。首先将裱花袋斜放 45º，缓慢挤压；当裱花嘴开始挤出蛋白霜时，脱离饼干在空中拉出线条，这样可使出来的线条平直。均匀用力以防止挤压中断，从下向上挤线条会更容易些。

当一边从上向下挤完后，停止挤压，转动饼干后再继续。结束后停止挤压，放下裱花袋，将裱花嘴靠在饼干表面上做支撑。在用液态蛋白霜填充之前，等待至少 20 分钟进行晾干。

制作液态蛋白霜，然后装入塑料挤压瓶中，挤压挤压瓶将整片饼干覆盖填充，刚才绘制的饼干边儿也需要再描一遍来加深颜色，这样，最终完成的饼干会很有色泽。

为了在蝴蝶身上绘制插图，如 117 页，您需要口很细的挤压瓶。

用蓝色液态蛋白霜绘制蝴蝶的边儿，然后用淡蓝色蛋白霜填满内部。在两种颜色交界处点上深粉色的小点儿，各点之间要间隔约 1.5 厘米，然后用淡粉色蛋白霜围绕每个深粉色点画出 4 个或 5 个小点儿，最后在每朵小花之间画上白色的小点儿。

# 用裱花袋挤皇家蛋白霜的工艺

用裱花袋挤皇家蛋白霜的工艺可以用来制作无数的装饰细节，在杯装蛋糕、饼干或马卡龙装饰中都会用到。这项工作需要一些练习，所以我建议您先在纸上绘图做练习。

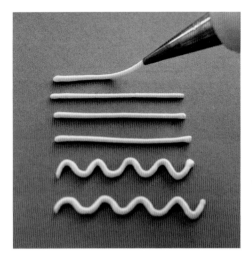
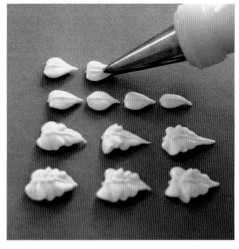

**线段**

绘制水滴和珍珠需要圆形平直的裱花嘴。为了描饼干边儿，您需要使用 3 号裱花嘴，为了绘画或制作细微的装饰物需要 1 或 2 号裱花嘴。

首先将裱花袋斜放 45º，裱花嘴碰触涂抹物表面，然后缓慢挤压。当裱花嘴开始挤出蛋白霜时，抬高裱花袋在空中拉出线条，这样可使出来的线条平直。均匀用力以防止挤压中断。结束后停止挤压，放下裱花袋，将裱花嘴靠在饼干上做支撑。波浪线制作也是按同种方法，裱花袋跟着手做曲线或圆周运动即可。

**叶子**

为了制作叶子，您需要用叶子专用裱花嘴，会有不同型号供您挑选。将裱花袋斜放 45º，裱花嘴碰触涂抹物表面，挤压裱花袋直至形成叶片的基部，释放压力，继续向前拉伸蛋白霜，如果拉伸得太快，叶片会很纤细。制作弯曲的叶子也是按同种方法，但裱花袋需要一来一回地做左右运动前进。

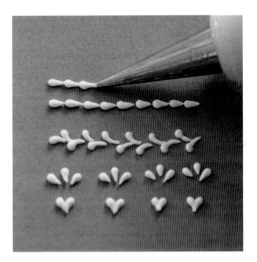 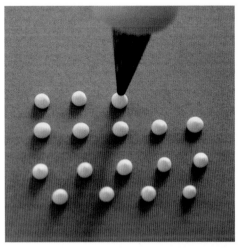

## 水滴和珍珠

绘制水滴和珍珠需要圆形平直的裱花嘴。绘制小的图形需要使用 2 或 3 号裱花嘴。

制作水滴时，将裱花袋斜放 45º，裱花嘴碰触涂抹物表面，确保在任何情况下都不要抬起它。挤压裱花袋直到绘制出珍珠滴，然后稍微释放压力，同时向前拉伸以形成水滴。下一滴要距上一滴 1 毫米处开始绘制，因为蛋白霜会缩合，如果两滴水滴离得太近黏住后再缩合，会失去水滴的效果。您还可以制造弯曲的水滴，用手引导裱花袋微转一下方向即可。制作心形图案时，先绘制一滴水滴，裱花嘴挨着水滴的尖儿，斜着再画一滴水滴。

制作珍珠时，将裱花袋垂直 90º 放置，挤花嘴离涂抹物表面 1 毫米。挤压裱花袋同时不要移动，直到形成珍珠，停止挤压，然后移开裱花袋。这些珍珠上面会留下小尖儿，这时您可以用蘸水的刷子轻轻地涂抹珍珠。当珍珠量较少时，蘸水刷子是一种很好的解决办法；但当珍珠很多时，挨个涂抹会很费时间，这时就需要使用液态蛋白霜了（见 212 页），但是所需的液态蛋白需要比那些填充饼干的更浓稠些；检验时，叉子划过表面后数 20 秒消失即可。这种蛋白霜制作出的珍珠不会留下小尖儿，适用于小号的裱花嘴——3 号以下的都可以使用；用大号裱花嘴绘制出的珍珠会散架。

# 马卡龙

要想制作出完美的马卡龙，您需要注意各种食材的用量和加工过程中的指示。

## 马卡龙的面团

**配料**（可制作约 50 个马卡龙）

300 克杏仁粉

300 克糖粉

224 克鸡蛋黄

300 克糖

80 克水

**准备**

将蛋黄盛入无盖器皿中放入冰箱中冷藏 2 天进行老化，这样可使其稍微脱水。但要注意使用的蛋黄需要稍稍超过我们所需的量，因为蛋黄脱水后会变轻。取出后的蛋黄需要重约 224 克。

将杏仁粉和糖粉分别过筛两次，然后称重；不要先称重再过筛，因为过筛后杏仁粉和糖粉会变少。两者混合，加入 112 克蛋黄，搅拌混合物直至其形成一个面团。

制作意式蛋白酥：在锅中加入 300 克糖和 80 克水，搅拌后加热，在锅中放入焦糖温度计。笔刷蘸水涂抹锅的内壁，防止形成糖晶体。当温度计到 100℃ 时，开始将剩余的 112 克蛋黄打发至乳白色，不要让它们过硬。

当温度计到达 118℃ 时关火，然后缓慢地把糖浆倒在搅拌好的蛋黄上；不要将糖浆倒在打蛋器的杆上以防止其变硬，要沿着碗壁倒入糖浆。用电动搅拌器中速搅拌，直至形成不太硬的蛋白酥。

杏仁面团中混入一半量的蛋白酥。倒入前检查蛋白酥是否温热，热的蛋白酥会影响面团制作，因为杏仁中的油分会被破坏。用刮刀进行混合，之后加入剩余的蛋白酥充分搅拌。加入糊状或胶状的色素。

用刮刀用力混合搅拌，直到面团质地柔软。这一过程在法语中叫作 "macaronner"（马卡龙化），是因为这一过程或许是马卡龙加工中最重要的部分，需要大量的操作练习。如果搅拌过少，马卡龙表面会很粗糙并且不平滑；如果搅拌过度，马卡龙会过于平坦并且会散架。在混合面团的过程中，您需要在面团上揪一个小尖，如果小尖很硬，说明搅拌不够；如果小尖迅速消失说明面太软，搅拌过度了。小尖应该慢慢地消失，这样说明马卡龙的柔韧度刚好。

将面团加入裱花袋，搭配使用 11 号裱花嘴，并将托盘用防油纸盖住。您可以在纸的反面挨着边界绘制 4 厘米直径的圆作为参照，或者使用马卡龙专用硅胶垫。先在托盘四个角分别挤出一个马卡龙，这样可使防油纸粘覆在托盘上而不会移动。垂直放置裱花袋并进行挤压，直至形成马卡龙的形状；停止挤压，然后再移开裱花袋。

所有的马卡龙制作完成后，用手轻打托盘底部除去杂质。

马卡龙在烘焙前要静置半小时，这是为了让其形成一层皮，这样烘焙后的马卡龙会光滑平顺；不要静置超过 1 小时。

用带风扇的烤箱烘焙马卡龙，140℃，15

分钟。

等待马卡龙完全冷却。如果您想让马卡龙外皮有如珍珠般的光泽，可用刷子蘸取可食用珍珠粉色素为其上色，然后再夹上您喜欢的奶油。

最理想的方法是，将马卡龙放入冰箱保存 1 天后再取出，并在半小时后食用。密封器皿装盛的马卡龙存入冰箱可保存 4 天，冷冻可保存 3 个月。

# 马卡龙的馅料

介绍一些我最喜欢的马卡龙馅料。依照以下工艺变换食材，您可以做出各种口味的美味马卡龙。

## 草莓蜜饯

### 配料

250 克草莓、120 克糖、半个柠檬的榨汁

1/4 小勺粉状果胶或 3 个苹果核 (*)

### 准备

将草莓、柠檬汁和糖放入锅中，加入苹果核或果胶。煮沸后继续煎煮 10 分钟。等晾凉后放入冰箱或立即使用。

(*)果胶可以让蜜饯成凝胶状。草莓这种水果内含的果胶量很少，所以需要加入粉状果胶或 3 个苹果核。苹果中果胶含量丰富，制作完成后需将其取出丢掉。

## 覆盆子蜜饯

根据草莓蜜饯的制作要求进行加工，使用相同的量即可。

## 开心果奶油

### 配料

300 克白巧克力、28 克浓稠奶油

70 克开心果糊

### 准备

在微波炉或双锅炉中用最低温融化巧克力。将奶油煮沸后关火、搅拌，待其稍微冷却一些后加入巧克力，搅拌到两者充分融合即可；加入开心果糊继续搅拌，直至混合物平滑而有光泽。最后，将奶油放入冰箱冷却 2 小时。

## 香草奶油

### 配料

300 克白巧克力、300 克浓稠奶油

3 克香草豆荚或 5 克香草天然香料

### 准备

将奶油和切成两瓣的香草豆荚一同煮沸，沸腾后继续煎煮 30 分钟，然后进行过滤。在微波炉或双锅炉中用最低温融化巧克力。将奶油倒入巧克力中搅拌，直至两者充分融合。如果您使用的是香草香料，需要在此时加入并搅拌。最后，将奶油放入冰箱冷却 3 小时。

## 草莓和香槟酒奶油

### 配料

300 克白巧克力、200 克草莓

50 克马克香槟或干邑

### 准备

在微波炉或双锅炉中用最低温融化巧克力。用搅拌器制作草莓酱，然后稍微加热一下。混合巧克力、草莓酱和马克香槟酒。最后，将奶油放入冰箱中冷却 3 小时。

### 小贴士

用裱花袋盛装馅料来填充马卡龙，这样每次加入的量都会是相同的。

# 菠萝奶油

## 配料

300 克菠萝、3 个鸡蛋

3 片明胶、140 克糖

15 克玉米淀粉、200 克室温下存放的黄油

## 准备

将明胶放入冷水中浸泡。将菠萝放入榨汁器中加工，然后过滤。在锅中放入鸡蛋、糖和玉米淀粉，充分搅拌使其不含一块凝块；然后开中火加热，同时进行搅拌。加入菠萝，用打蛋器继续搅拌。混合物开始沸腾后，继续搅拌 1 分钟，这时奶油会变浓稠。关火，将沥干后的明胶加入其中；混合后加入黄油；用电动搅拌器进行搅拌，直至奶油平滑有光泽。将奶油放入密闭的器皿中，放入冰箱冷却 3 小时。

# 酸橙或柠檬奶油

## 配料

4 个鸡蛋、25 克糖

125 克酸橙或柠檬的过滤果汁

2 片明胶、250 克室温下存放的黄油

## 准备

将明胶放入冷水浸泡。将鸡蛋和糖放入锅中加热，同时进行搅拌，加入柠檬汁，继续搅拌直至混合物开始沸腾并变浓稠。关火，将沥干的明胶加入混合物中，搅拌；然后加入黄油，用打蛋器进行搅拌，直至奶油平滑有光泽。最后将奶油存入冰箱冷却 3 小时。

# 三种柑橘水果奶油

制作方法参考酸橙或柠檬奶油的方法。果汁的用量如下：45 克柠檬汁、45 克柑橘汁、45 克橙汁。根据配方指示进行混合和加入。

# 柑橘和柑橘花

## 配料

250 克马斯卡邦尼奶酪、180 克糖、1 茶匙柑橘花水

柑橘皮（天然的或未经化学处理的）

10 克柑橘汁

## 准备

去掉马斯卡邦尼奶酪中所有的乳清，加入过筛的糖粉，用电动搅拌器最大速进行搅拌，直到混合物成奶油状。加入柑橘皮、柑橘汁和柑橘花水，然后进行搅拌。您也可以加入几滴染色剂将其染成您喜欢的颜色。

# 咖啡奶油

## 配料

300 克牛奶巧克力、200 克浓稠奶油

50 克研磨的咖啡

## 准备

在微波炉或双锅炉中用最低温融化巧克力。煮沸奶油，然后加入研磨的咖啡。对混合物进行搅拌，同时继续煎煮 10 分钟；关火，过滤奶油除去咖啡杂质；然后混合奶油与巧克力，进行搅拌，直至奶油平滑而有光泽。将奶油放入密闭的器皿中，放入冰箱冷却 3 小时。

## 关于作者

帕特里西娅·阿里巴尔萨卡 (Patricia Arribálzaga) 接受过艺术教育，在糕点和糖品工艺领域有超过15年的工作经验。她懂得巧妙地结合她的两大激情：艺术和甜品，她所创作的美食艺术独一无二，其影响力已延伸到了国际舞台，在公众的视野中熠熠发光。

从 2002 年开始，她加入了 Cakes Haute Couture-Pasteles de Alta Costura 公司，该公司的名字诞生于一个点子，那就是将糕点与高级时装的时尚设计作品相结合。甜品的创作好似高级礼服的制作，其设计具有原创性和与众不同的个性感，再通过细节性的工艺技术，最终制作出炫彩美味的艺术作品。

多年来，帕特里西娅积累的国际蛋糕业经验，尤其是制作法式蛋糕的经验，改变了人们一个根深蒂固的观念：造型设计过的蛋糕的味道不会太好。她作为先锋，率先使用了鸡尾酒奶油、热带水果甘纳许和其他产品，带领着世界糖品界蛋糕和美食馅料进行革新。这些创新的口味深受大众喜爱，在欧洲专业人士中也掀起了潮流。

设计的原创性和创造力使作者在蛋糕设计师中脱颖而出。她的作品制作精良、口感美妙、款式独一无二、具有国际知名。在被国际媒体广泛传颂的同时，她的作品也现身于很多著名客户的宴会中，比如美泰公司的芭比娃娃50周年庆典，蒂芙尼公司的《蒂芙尼的早餐》电影50周年纪念日，Tous家族的Tous小熊珠宝出品25周年庆，《幽灵女孩》作家唐娅霍莉庆祝其最畅销作品的宴会，设计师玛雅汉森的婚礼上的礼服翻版，GQ杂志在西班牙发行15周年纪念庆，等等。

帕特里西娅在巴萨罗纳的锡切斯开办了她自己的学院Cakes Haute Couture，这是西班牙第一所，也是最著名的糖品工艺学校，接收着来自五湖四海的学员。她的工作室如同一片艺术的海洋，教授学生设计的工艺和色彩的使用，激发其个人创新力，以此发展出个人独特的风格。这所学校现已形成了与众不同的教育方法、活动实践和技巧，保证着每位学员都能通过学习而有所成就。

# 鸣谢

我感谢我的家人，在我写书的这段时间给予我大力支持。我挚爱的女儿米兰达，是我永恒的欢乐和爱的源泉；还有我亲爱的丈夫马丁，他经营着我们的公司Cakes Haute Couture，同时为本书拍摄了精美的照片。没有他们源源不断的帮助和乐观精神的感染，就没有这本书的创作，Cakes Haute Couture也不会成为可能。我深爱着他们两人，并无限感激他们所做的一切。

我非常感谢我的妈妈米丽娅姆，她神奇的配方支持着我并激励我不断创新；还要感谢我的姐姐桑德拉，她也给予了我了很多支持和爱护。

非常感谢我主页的支持者和我所有的客户，你们伴随着Cakes Haute Couture度过了精彩的10年，见证着我的公司一步步取得成就。当然，还有感谢我的来自世界各地的学生们、业余爱好者和专业人士，不仅是感谢他们选择在我的学院学习，来继续全球糕点行业的创新，还要感谢他们在经过我的课程培训后，在各个工作室和商店有所成就之时，还记得与我分享快乐，并表达感恩之情。

最后，我由衷的感谢Cakes Haute Couture全体人员，我真的很幸运，拥有你们这个无比优秀的合作团队。

# 术语表

## 配料

**白蛋白粉**：也叫作脱水蛋清，在巴氏杀菌后用来制作皇家蛋白霜不会有感染细菌的风险。

**冰晶糖**：不同颜色的粗糖，用来装饰饼干。也被叫作做冰糖。

**彩色糖**：是一种被染色的糖，用来装饰饼干。也被叫作磨砂糖。

**糖粉**：细粉糖混合淀粉。

**塑料巧克力**：巧克力和葡萄糖制作的巧克力团儿，用于制作花朵、细节装饰或覆盖纸杯蛋糕。

**经巴氏消毒的蛋清**：经巴氏消毒的液态蛋清，在没有达到80℃的烘焙过程中使用它就不会有染菌风险，因为80℃以上才能消灭潜在细菌。

**CMC**：羧甲基纤维素，它是代替黄蓍胶的合成物，用来制作干佩斯和可食用胶。

**可食用染色剂**：这本书中所用的染色剂有糊状的、胶状的和粉状的。糊状和胶状的用法一样，都可以给皇家蛋白霜和奶油染色，而粉状的色素是为了提亮度并增加色调。

**塔塔粉**：红酒发酵时的沉淀物中提取的白色粉末状物质是天然产品，也被叫作酒石酸，用来稳定蛋清的状态。

**液体翻糖**：是一种由糖、葡萄糖和水制作的软面团。加入糖浆和葡萄糖后，液态质地顺滑，用来给纸杯蛋糕镀表皮霜。

**皇家蛋白霜**：是一种由蛋清和糖粉制作的软团子，放入裱花袋后用来绘制装饰物。也被叫作蛋白糖霜或冰霜。

**黄蓍胶**：是灌木黄芪的茎切口得到的天然产物。成粉末状，用来增加干佩斯的柔韧度，还可制作食用胶。

**黄原胶**：是种天然产物，为白色粉末状。用在如奶油的制作中，使其更稳定、更浓稠。

**可塑形的杏仁糖膏**：由研磨的杏仁、蛋清和糖粉制作而成，用来制作花朵和柔软的装饰物。

**糖豆**：小的彩色糖豆，用作装饰。

**糖团**：用于装饰蛋糕、纸杯蛋糕和制作用于装饰的面团，由糖粉、明胶和葡萄糖制作而成。也叫作翻糖、翻糖膏、美式糖团儿。

**干佩斯**：一种灵活度高又纤细的面团，用来制作花朵和细节装饰。由糖粉、葡萄糖、水和黄蓍胶或CMC制作而成，也被叫作花朵面团。

**可塑形的面团**：用来塑形的柔软面团，由翻糖和干佩斯混合而成，也被叫做墨西哥式面团。

**可食用金属粉**：以淀粉和鱼尾为基础材料加工而成。

## 可替换材料清单

不同国家对水果和食材会有不同的称谓：

杏子 = 甜梅

香蕉 = 金蕉

草莓 = 洋梅

热情果 = 百香果

泡打粉 = 发酵粉

酸橙 = 在一些国家叫做绿色柠檬

柠檬 = 黄色柠檬

黄油 = 乳脂

奶油 = 牛奶奶油

## 材料器具

**裱花嘴转换器**：用来适配裱花袋。当您想改变裱花嘴时，使用塑料转化器就可不必清空或使用其他的裱花袋。

**旋制擀棍**：一个棍两段各有一个圆环，金属或塑料材质，用来擀压干佩斯、可塑性面团等。

**裱花袋**：由不锈钢制作而成，有不同的款式和型号，用来盛装蛋白霜或奶油来装饰蛋糕。

**模具**：用来剪刻饼干或花瓣、叶子和花朵，通常是金属或塑料材质。

**模型工具刀**：塑料刀具，确保翻糖和其他面团的精确切割。

**EVA胶垫**：用来锐化干佩斯制作的花朵边缘。也被叫做花垫、EVA橡皮垫或泡沫垫。

**模具**：用来为面团印刻造型的模具，形式多样，如棍子形、塑料板或硅胶模子。

CAKES HAUTE COUTURE

Pasteles & Cookies de Alta Costura